国家自然科学基金青年项目（项目编号：11502178
国家自然科学基金面上项目（项目编号：11972266
武汉纺织大学学术著作出版基金资助出版

U0161753

多孔介质气体输运与模拟

郑　仟　王会利　郭秀娅　著

中国纺织出版社有限公司

内 容 提 要

物质输运，特别是多孔介质气体输运问题，不仅是力学领域的学术前沿和研究热点，而且是纺织、材料、化工、环境等高新技术领域的理论基础。本书结合著者近年来的最新研究工作，基于分形几何理论和格子 Boltzmann 方法探究了多孔介质气体输运机理的相关理论和方法，主要包括：分形毛细管束模型和类分形树状分叉网络模型中单组分气体输运特性参数的研究，多孔介质气体输运的分形—蒙特卡罗模拟研究，多孔介质多组分气体输运的格子 Boltzmann 方法研究，多孔介质气液两相流体输运的格子 Boltzmann 方法研究等。

本书可供从事数学、纺织科学与工程、材料科学与工程、化学工程与技术以及石油与天然气工程等专业的高等学校师生、科研和工程技术人员参考。

图书在版编目（CIP）数据

多孔介质气体输运与模拟／郑仟，王会利，郭秀娅著．--北京：中国纺织出版社有限公司，2023.11
ISBN 978-7-5229-1185-4

Ⅰ．①多… Ⅱ．①郑…②王…③郭… Ⅲ．①多孔介质—气体输送—研究 Ⅳ．①TE83

中国国家版本馆 CIP 数据核字（2023）第 213877 号

责任编辑：宗 静 特约编辑：曹昌虹
责任校对：高 涵 责任印制：王艳丽

中国纺织出版社有限公司出版发行
地址：北京市朝阳区百子湾东里 A407 号楼 邮政编码：100124
销售电话：010—67004422 传真：010—87155801
http://www.c-textilep.com
中国纺织出版社天猫旗舰店
官方微博 http://weibo.com/2119887771
三河市宏盛印务有限公司印刷 各地新华书店经销
2023 年 11 月第 1 版第 1 次印刷
开本：710×1000 1/16 印张：11.5
字数：198 千字 定价：78.00 元

前　言

　　多孔介质气体（流体）输运机理的研究是一项涉及数学、渗流力学和空气动力学等领域的交叉学科，研究难点在于多孔介质微观结构的复杂性和无序性。多孔介质可简单视为孔隙空间和固体基质构成的两相多孔系统，其微观结构异常复杂无序。当内部孔隙连通成弯曲毛细管道时，渗流理论、有效介质近似、重整化群理论和蒙特卡罗等方法可用于描述孔隙的微观结构。由于多孔介质微观结构表征的复杂性和模拟的困难性，采用传统理论与方法探索多孔介质的气体输运过程往往会遇到巨大的困难和挑战。然而，分形几何理论与格子 Boltzmann 方法对流体力学的研究提供了强有力的新思路，已成为国内外研究的热点，极大地激发了著者撰写本书的兴趣。

　　本书研究对象为多孔介质气体的输运机理，主要采用的方法有两种：一是分形几何理论，该理论是美国数学家 B. B. Mandelbrot 于 1982 年在专著 *The fractal geometry of nature* 正式提出，著者的博士生导师郁伯铭教授从 20 世纪 90 年代开始追随研究，历经十多年创建了一套比较完整的分形多孔介质理论。二是格子 Boltzmann 方法，该方法是以气体动理学理论为基础的介观数值方法，在研究具有多尺度、多物理的复杂流动问题中具有较大的优势和潜力，目前已成功用于模拟多孔介质内多组分多相流体输运过程的模拟。本书介绍的气体输运主要为气体流动、气体扩散等。

　　本书是在总结作者及其团队近年来最新研究工作成果的基础上写成的。研究团队在国家自然科学基金的资助下，把分形几何理论与格子 Boltzmann 方法应用于多孔介质气体输运性质的研究中，取得了一系列的研究成果。基于分形几何理论，重点探索了分形多孔介质微观孔隙表面形貌对气体输运过程（比如气体渗透率和气体扩散系数等）的影响机理，发展和提出了粗糙分形多孔介质气体输运特性参数的理论模型和方法。进一步，采用格子 Boltzmann 方法研究了多组分混合气体的输运问题。此外，从相场理论出发，推导了控制多相流体系统中速度和压力的 Navier-Stokes 方程及描述界面拓扑变化的两类相场方程（Allen-Cahn 方程或 Cahn-Hilliard 方程），并基于介观格子 Boltzmann 方法，对控制相场理论的偏微分方程建立相应的 LB 模型，从而对经典的多相流体流动问题进行了数值模拟。

本书作者在研究过程中，一直得到许多专家和同行的帮助和鼓励。作者特别感谢华中科技大学郁伯铭教授、香港理工大学范金土教授、华中科技大学施保昌教授和柴振华教授及其他学者对我们的研究的悉心指导，给我们提出了非常宝贵的建议，在此对他们表示衷心的感谢。本书的研究工作先后得到了国家自然科学基金青年项目和面上项目（项目编号：11502178，11972266）、湖北省教育厅优秀中青年科技创新团队项目（项目编号：T2022016）和武汉市科技局项目（项目编号：2022010801010248，2022013988065194）的资助，并得益于武汉纺织大学数理科学学院良好的工作环境以及同事们的支持和鼓励。

由于作者学识和水平有限，本书难免有疏漏和不当之处，恳请读者批评指正。

郑仟

2023 年 5 月

目　录

第1章 绪论

1.1 分形多孔介质的基础理论

多孔介质中气体输运机理的研究是一项涉及数学、渗流力学和空气动力学等学科的交叉学科，研究难点在于多孔介质微观结构的表征。通常，多孔介质可简单视为孔隙空间和固体基质构成的两相多孔系统，其微观结构异常复杂无序。当内部孔隙连通成弯曲毛细管道时，渗流理论、有效介质近似、重整化群理论和蒙特卡罗等方法可用于描述孔隙的微观结构。由于表征的复杂性和模拟的困难性，孔隙或孔隙管道表面形貌的影响却往往被忽略，因此，探究表面形貌等结构参数对多孔介质气体输运特性影响的物理机理具有重要的理论和实际价值。本节基于分形几何理论，主要介绍粗糙表面结构表征和多孔介质孔隙结构表征的分形基础理论。

1.1.1 粗糙表面的分形表征

从微观角度来看，大多数天然形成的表面或工程表面都是粗糙的，其中包括多孔介质内部孔隙或孔隙管道的壁面。Sayles 和 Thomas[1] 在 Nature 的研究表明，粗糙表面是一个非稳态的随机过程。早期，Greenwood 和 Williamson[2] 建议采用统计学对粗糙表面进行描述，于是学者们建立了许多表征粗糙表面随机性特征的统计物理量，比如平均粗糙度、均方根粗糙度和相关长度等[3]。此外，为了计算的简便性，研究人员采用规则的几何模型（比如正弦曲线、三角形、矩形或圆柱体等）描述表面粗糙元[4,5]，通过构造周期性的几何结构，模拟粗糙表面的复杂微观结构，然后利用有限元法、蒙特卡罗、格子玻尔兹曼等方法进行数值模拟，但结果通常采用图表或经验关系式来表示，并不能定量地联系粗糙表面结构参数的影响机理。随着测量技术的提高，针形表面轮廓仪、光学测量仪、电子扫描显微仪、原子力显微仪等实验仪器也被用于测量真实粗糙表面[3]。而测量参数强烈依赖仪器分辨率和取样长度，即使对同一表面形貌获得的测量值也不尽相同，特别当表面的粗糙形貌尺度跨度较大时，实验测量并不能得到粗糙表面的完整结构。

上述简单的统计学方法、规则的几何模型及实验测量方法，均不能全面表征粗糙表面的随机和多尺度的本质特征。幸运的是，美国数学家 Mandelbrot[6] 创立的分形几何理论与方法为粗糙表面的描述提供了一种强有力的工具。基于分形理论，许多研究者采用魏尔斯特拉斯—曼德博（Weierstrass-Mandelbrot）函数、康托尔集（Cantor set）、圆柱体等描述粗糙表面[7-11]。

然而，上述模型并不适用于描述单根孔隙管道的粗糙表面，于是杨姗姗等[12,13] 采用圆锥体描述粗糙元，假设粗糙元随机分布在孔隙管道表面，建立了单根孔隙管道粗糙表面的分形模型，并探索了粗糙表面对液体输运特性的影响。在该模型中，他们假设粗糙元随机分布在毛细管道的壁面，如图 1-1 所示。由图 1-1 （a）可知，粗糙元的底面可能具有随机的形状，但为了简化研究，他们使用等效的圆代替粗糙元的底面，进而用标准的圆锥体［图 1-1 （b）］来表征粗糙元。

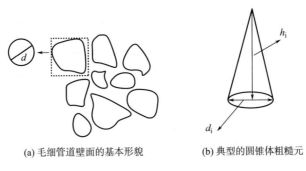

(a) 毛细管道壁面的基本形貌　　　　　　(b) 典型的圆锥体粗糙元

图 1-1　粗糙表面的形貌[14]

在模型中，他们假设粗糙元底面面积（直径 d）越大，高度 h 越高，且规定圆锥体粗糙元的高度 h 与底面直径 d 之比为常数 ξ，即：[12,13]

$$\xi = h/d \tag{1-1}$$

式中：d——圆锥体粗糙元的底面直径；

h——圆锥体粗糙元的底面高度。

此外，他们假设圆锥体粗糙元的底面直径和高度均遵循分形标度定律，因此多孔介质中毛细管道表面的粗糙元的累计分布可由下式确定：[15-17]

$$N(L \geq d) = \left(\frac{d_{max}}{d}\right)^{D_r} \tag{1-2}$$

式中：N——长度尺度 L 大于或等于底面直径 d 的圆锥体粗糙元的总数；

$d_{\max}$——粗糙元的最大底面直径；

$0 \leqslant D_r \leqslant 2$ 是粗糙表面粗糙度的分形维数。$D_r = 0$ 意味着在毛细管道的表面上几乎没有粗糙元，即对应的是光滑毛细管道；$D_r = 2$ 意味着粗糙元覆盖了整个毛细管道的表面。

值得注意的是，当式（1-2）中的符号 d 变为粗糙元的高度 h 时，该式可直接用于描述圆锥体粗糙元的高度分布。基于式（1-1），粗糙元的底面直径和高度具有相同的分形维数 D_r，可以表示为：[17]

$$D_r = d_E - \frac{\ln\varphi}{\ln\beta} \tag{1-3}$$

式中：$\beta = d_{\min} / d_{\max} = h_{\min} / h_{\max}$；

φ——单位元胞中毛细管道的圆锥体粗糙元的总底面积与毛细管道的总表面积之比。

基于粗糙元的自相似性特征，假设不同毛细管道直径具有相同的相对粗糙度。对于直径为 λ 的毛细管道，粗糙元的平均高度可以定义为：[12,13]

$$\bar{h}_\lambda = \frac{\varphi\lambda(h_{\max})_{\lambda_{\min}}}{3\lambda_{\min}} \frac{2 - D_r}{3 - D_T} \frac{1 - \beta^{3-D_r}}{1 - \varphi} \tag{1-4}$$

式中：$(h_{\max})_{\lambda_{\min}}$——最小直径为 $\lambda_{\min}$ 的毛细管道的最大高度。

尽管过去一些工作研究了相对粗糙度[18-20]，但是式（1-4）首次建立了粗糙元平均高度与多孔介质结构参数之间的理论模型。借助式（1-4），具有粗糙表面的单根毛细管道的相对粗糙度为：[12,13]

$$\varepsilon = \frac{2\bar{h}_\lambda}{\lambda} = \frac{2\varphi(h_{\max})_{\lambda_{\min}}}{3\lambda_{\min}} \frac{2 - D_r}{3 - D_r} \frac{1 - \beta^{3-D_r}}{1 - \varphi} \tag{1-5}$$

关于毛细管道粗糙表面模型的更多细节，感兴趣的读者，可以参阅杨珊珊的博士论文[21] 和学术论文[12,13]。

1.1.2 多孔介质孔隙结构的分形表征

多孔介质具有极强的不规则性和自相似的分形特征，因此分形几何理论可用于表征微观孔隙结构，本节着重介绍郁伯铭团队建立的毛细管束分形理论模型。

在郁伯铭团队建立的毛细管束分形理论模型中，他们假设多孔介质由一束弯曲的毛细管道构成。与 1.1.1 建立的毛细管道的粗糙壁面分形模型一样，他们假设多孔介质的孔隙大小也服从分形分布，因此只需将式（1-2）中的参数 d 修改

为孔隙直径 λ，即可用于描述孔隙大小的累计分布：[15-17]

$$N(L \geq \lambda) = \left(\frac{\lambda_{max}}{\lambda}\right)^{D_f} \tag{1-6}$$

根据式（1-3），孔分形维数 D_f 可以表示为：[17]

$$D_f = d_E - \frac{\ln\phi}{\ln\alpha} \tag{1-7}$$

式中：ϕ——孔隙率；

$\alpha = \lambda_{min}/\lambda_{max}$，为最小孔径与最大孔径之比。

一般多孔介质中存在大量的毛细管道，式（1-6）可以看作一个连续可微的方程。通过对 λ 求导，易得 λ 到 $\lambda+d\lambda$ 无穷小范围内的毛细管道的数量：[15-17]

$$-\mathrm{d}N = D_f\lambda_{max}^{D_f}\lambda^{-(D_f+1)}\mathrm{d}\lambda \tag{1-8}$$

事实上，大部分多孔介质中毛细管道都是弯弯曲曲的，故毛细管道的实际长度可以用迂曲度分形维数表示：[15]

$$L_t(\lambda) = \lambda^{1-D_T}L_0^{D_T} \tag{1-9}$$

一般情况下，实际长度 $L_t(\lambda)$ 应大于或等于直线长度 L_0。D_T 是迂曲度分形维数，在二维（或三维）空间中，它的取值范围为 1~2（或 3）。特别地，$D_T=1$ 表示毛细管道是直的；迂曲度分形维数越高，毛细管道越曲折；$D_T=2$（或 3）表示毛细管道太弯曲以至于填充了整个平面（或空间）。

当毛细管道不连通时，我们可以采用上述公式来描述多孔介质，但是，当毛细管道彼此互相连接且同时满足分形标度定律时，可以采用类分形树状分叉网络模型来表征，关于多孔介质的其他分形理论表征模型可以参见学术专著[3]。

第 2 章到第 4 章主要研究对象就是具有粗糙表面的分形多孔介质，因此式（1-1）~式（1-9）为探索粗糙表面对多孔介质气体输运机理的研究奠定了理论基础。

1.2 格子 Boltzmann 的基本理论

多孔介质内多相多组分流体输运是一个复杂的传质传热问题。随着计算机技术快速发展，数值模拟成为一种基本的研究手段，有望在多相多组分流体流动、传质及传热的机理研究方面发挥重要的作用。由于此类问题涉及多个物理场的耦合，受参数的影响较大，几何形状较为复杂，所以传统的数值方法在处理此类问题时需要用到一些非局部的算法，很难进行并行化处理。此外，复杂边界的处理也是该类算法的主要难点。

　　格子 Boltzmann（简称 LB）方法可以看作是求解连续 Boltzmann 方程的一种离散格式，具有良好的物理基础和计算优势[22-24]。首先，LB 方法基于气体动理学理论，不受连续介质假设的限制，这从理论上保证了该方法能够描述多相流质量及能量的传输过程；其次，LB 方法是以离散流体粒子的分布函数为演化对象，不但可以直观地描述不同流体间以及流固间的相互作用，而且可以方便地处理各种复杂边界[23]；最后，由于 LB 方法的碰撞过程是局部进行的，因此该方法非常适合并行计算[23,24]。由此可见，LB 方法对于研究多相流体流动与传热具有非常明显的优势。为了更清晰地认识该方法，我们将简要介绍一下该方法的基本原理。

1.2.1　格子 Boltzmann 模型介绍

　　LB 方法是利用离散格子和离散时间的方法得到的一种离散粒子动力学格式。LB 方法也可以被看作是对动力学方程的离散速度粒子分布函数的一个特殊的有限差分格式[25,26]。这种格式通过 Chapmann-Enskog 分析[27,28]、渐近分析[29-32]或者 Maxwell 迭代[33] 等方式可以与宏观流体控制方程建立联系。LB 方法不仅可以用来模拟流体流动，还可以被拓展用来求解常见的偏微分方程。我们将对 LB 方法进行一个简单的介绍。该方法是针对离散速度粒子分布函数进行演化的，该方法的演化方程可表示为：

$$g_i(x + c_i\Delta t,\ t + \Delta t) - g_i(x,\ t)$$
$$= -\frac{1}{\tau}\left[g_i(x,\ t) - g_i^{eq}(x,\ t)\right] + \Delta t G_i(x,\ t) + \frac{\Delta t^2}{2}D_i G_i(x,\ t) \quad (1-10)$$

式中：x——当前演化格点所在的位置；

　　$c_i = ce_i$——离散速度；

　　　　e_i——单位离散速度方向；

　　　　c——粒子速度大小；

　　　　Δt——演化的时间步长；

　　　　t——演化的当前时刻；

　　$g_i(x,\ t)$——沿 e_i 方向的粒子分布函数；

　　　　G_i——流体系统在 e_i 方向所受到的外力；

　　　　g_i^{eq}——近似平衡态分布函数；

　　$D_i G_i$——外力项的随体导数，其中，$D_i = \partial t + c_i \cdot \nabla$。

　　在式（1-1）中，选取适当的平衡态分布函数和源项分布函数，并对演化方程中外力项的随体导数进行差分离散，便可得到最终的演化方程形式。外力的导数项有很多种离散格式，为了分析简单，我们仅对显式差分格式进行分析，即：

$$D_i G_i(x,\ t) = \frac{1}{\Delta t}\big[\, G_i(x,\ t) - G_i(x - c_i\Delta t,\ t - \Delta t)\,\big] \tag{1-11}$$

为了保证系统质量及动量守恒，流体的宏观密度 ρ 和速度 u 可以由分布函数的不同阶矩条件得到：

$$\rho = \sum_i g_i = \sum_i g_i^{eq},\ \rho u = \sum_i c_i g_i = \sum_i c_i g_i^{eq} \tag{1-12}$$

实际上，在 LB 方法中，较为常用的为 Qian 等人在 1992 年提出的 $DdQq$ 模型[34]，其中，d 表示空间维数，q 为离散速度方向数。针对这类离散速度模型，平衡态分布函数有统一的格式为：

$$g_i^{eq}(x,\ t) = \rho\omega_i\left[1 + \frac{c_i \cdot u}{c_s^2} + \frac{(c_i \cdot u)^2}{2c_s^4} - \frac{u \cdot u}{2c_s^2}\right] \tag{1-13}$$

式中：ω_i——权系数；

c_s——与离散速度大小相关的声速。

外力项分布函数为：

$$G_i(x,\ t) = \rho\omega_i\left(\frac{c_i \cdot G}{c_s^2}\right) + \frac{Gu : (c_i c_i - c_s^2 I)}{c_s^4} \tag{1-14}$$

对于二维空间的离散速度模型一般采用 2 维 4 速（$D2Q4$），2 维 5 速（$D2Q5$），2 维 9 速（$D2Q9$），对于三维空间的离散速度模型一般有 3 维 7 速（$D3Q7$），3 维 15 速（$D3Q15$），3 维 19 速（$D3Q19$）等，在本文中，我们对 2 维（2D）和 3 维（3D）问题采用 $D2Q5$，$D2Q9$ 和 $D3Q7$ 来进行数值模拟。格子速度分布函数如下：

$$c_i = c\begin{bmatrix} 0 & 1 & 0 & -1 & 0 \\ 0 & 0 & 1 & 0 & -1 \end{bmatrix},\ \omega_i = \begin{cases} \dfrac{1}{3},\ i = 0 \\[2mm] \dfrac{1}{6},\ i = 1,\ \cdots,\ 4 \end{cases},\ c_s^2 = c^2/3 \qquad [1\text{-}15\,(a)]$$

$$c_i = c\begin{bmatrix} 0 & 1 & 0 & -1 & 0 & 1 & -1 & -1 & 1 \\ 0 & 0 & 1 & 0 & -1 & 1 & 1 & -1 & -1 \end{bmatrix},\ \omega_i = \begin{cases} \dfrac{4}{9},\ i = 0 \\[2mm] \dfrac{1}{9},\ i = 1,\ \cdots,\ 4 \\[2mm] \dfrac{1}{36},\ i = 5,\ \cdots,\ 8 \end{cases},\ c_s^2 = c^2/3$$

$$[1\text{-}15\,(b)]$$

及：

$$c_i = c \begin{bmatrix} 0 & 1 & 0 & 0 & -1 & 0 & 0 \\ 0 & 0 & 1 & 0 & 0 & -1 & 0 \\ 0 & 0 & 0 & 1 & 0 & 0 & -1 \end{bmatrix}, \quad \omega_i = \begin{cases} \dfrac{1}{4}, & i = 0 \\ \dfrac{1}{8}, & i = 1, \cdots, 6 \end{cases}, \quad c_s^2 = c^2/4$$

$$(1\text{-}16)$$

但是需要注意的是，对于 D2Q4，D2Q5 及 D3Q7 离散速度分布模型来说，只能采用线性的平衡态及源项分布。对于上文中提到的平衡态分布函数 [式（1-13）] 及外力项分布函数 [式（1-14）]，都为二次分布，所以，对于这个模型，不能采用上述三类离散速度模型。

基于上述离散速度模型，我们可以得到平衡态及外力项的不同阶矩条件：

$$\sum_i g_i^{eq} = \rho, \quad \sum_i c_i g_i^{eq} = \rho u, \quad \sum_i c_i c_i g_i^{eq} = c_s^2 \rho I + \rho u u, \quad \sum_i c_i c_i c_i g_i^{eq} = c_s^2 \rho \Delta \cdot u$$

$$[1\text{-}17（a）]$$

$$\sum_i G_i = 0, \quad \sum_i c_i G_i = \rho G, \quad \sum_i c_i c_i G_i = \rho(Gu + uG) \quad [1\text{-}17（b）]$$

式中：Δ——克罗内克单位张量。

以上是我们针对 LBM 的基本框架作了简单的介绍，接下来，我们通过上述介绍的 Chapmann-Enskog 展开[28]，来建立演化方程（1-10）与宏观描述流动的 Navier-Stokes 方程之间联系。

1.2.2　Chapmann-Enskog 分析

首先，我们对分布函数、外力项分布函数、时间导数及空间导数进行多尺度展开：

$$g_i = g_i^{(0)} + \varepsilon g_i^{(1)} + \varepsilon^2 g_i^{(2)}, \quad G_i = \varepsilon G_i^{(1)} + \varepsilon^2 G_i^{(2)}, \quad \partial_t = \varepsilon \partial_{t1} + \varepsilon^2 \partial_{t2}, \quad \nabla = \varepsilon \nabla_1$$

$$(1\text{-}18)$$

接下来，对演化式（1-10）进行 Taylor 展开可得：

$$D_i g_i + \frac{\Delta t}{2} D_i^2 g_i = -\frac{1}{\tau \Delta t}(g_i - g_i^{eq}) + G_i + \frac{\Delta t}{2} D_i G_i \qquad (1\text{-}19)$$

将式（1-18）代入式（1-19）可得：

$$(\varepsilon D_{1i} + \varepsilon^2 \partial_{t2})[g_i^{(0)} + \varepsilon g_i^{(1)}] + \frac{\Delta t}{2} \varepsilon^2 D_{1i}^2 g_i^{(0)} = -\frac{1}{\tau \Delta t}[g_i^{(0)} + \varepsilon g_i^{(1)} + \varepsilon^2 g_i^{(2)} - g_i^{eq}]$$

$$+ [\varepsilon G_i^{(1)} + \varepsilon^2 G_i^{(2)}] + \frac{\Delta t}{2}[\varepsilon D_{1i} + \varepsilon^2 \partial_{t2}][\varepsilon G_i^{(1)} + \varepsilon^2 G_i^{(2)}] \qquad (1\text{-}20)$$

其中，$D_{1i} = \partial_{t1} + c_i \cdot \nabla_1$。进而，可以得到 ε^0、ε^1、ε^2 尺度上的关系式如下：

$$g_i^{(0)} = g_i^{eq} \qquad\qquad [1-21\ (a)]$$

$$D_{1i}g_i^{(0)} = -\frac{1}{\tau_f \Delta t}g_i^{(1)} + \left[1 - \frac{1}{2\tau_f}G_i^{(1)}\right] \qquad [1-21\ (b)]$$

$$\partial_{t2}g_i^{(0)} + D_{1i}g_i^{(1)} + \frac{\Delta t}{2}D_{1i}^2 g_i^{(0)} = -\frac{1}{\tau \Delta t}g_i^{(2)} + D_{1i}G_i^{(1)} \qquad [1-21\ (c)]$$

将式 [1-21 (b)] 代入式 [1-21 (c)] 中可得:

$$\partial_{t2}g_i^{(0)} + D_{1i}\left(1 - \frac{1}{2\tau}\right)g_i^{(1)} = -\frac{1}{\tau \Delta t}g_i^{(2)} \qquad\qquad (1-22)$$

对式 (1-22) 及式 [1-21 (c)] 求和, 并利用平衡态及外力项的矩条件 {式 [(1-8 (a)] 及式 [1-17 (b)]} 可得:

$$\partial_{t1}\rho + \nabla_1 \cdot \rho u = 0 \qquad\qquad [1-23\ (a)]$$

$$\partial_{t2}\rho = 0 \qquad\qquad [1-23\ (b)]$$

进而, 对不同尺度进行尺度黏合, 即式 [1-23 (a)] $\times \varepsilon$+式 [1-23 (b)] $\times \varepsilon^2$ 可以得到连续方程, 即:

$$\partial_t \rho + \nabla \cdot \rho u = 0 \qquad\qquad (1-24)$$

接下来, 我们恢复动量方程, 首先, 对式 (1-22) 及式 [1-21 (c)] 乘以 c_i 求和, 可以得到:

$$\partial_{t1}\sum_i c_i g_i^{eq} + \nabla_1 \sum_i c_i c_i g_i^{eq} = \sum_i c_i G_i^{(1)} \qquad [1-25\ (a)]$$

$$\partial_{t2}\sum_i c_i g_i^{eq} + \partial_{t1}\left(1 - \frac{1}{2\tau}\right)\sum_i c_i g_i^{(1)} + \nabla_1\left(1 - \frac{1}{2\tau}\right)\sum_i c_i c_i g_i^{(1)} = 0$$

$$[1-25\ (b)]$$

将矩条件 {式 [1-17 (a)] 及式 [1-17 (b)]} 代入上式, 并利用质量及动量守恒可得:

$$\partial_{t1}\rho u + \nabla_1 \cdot (c_s^2 \rho I + \rho uu) = \rho G_i^{(1)} \qquad [1-26\ (a)]$$

$$\partial_{t2}\rho u + \nabla_1 \cdot \left(1 - \frac{1}{2\tau}\right)\sum_i c_i c_i g_i^{(1)} = 0 \qquad [1-26\ (b)]$$

下面我们来对 $g_i^{(1)}$ 求二阶矩条件可得:

$$-\frac{1}{\tau \Delta t}\sum_i c_i c_i g_i^{(1)} = \sum_i c_i c_i (D_{1i}g_i^{eq} - G_i^{(1)})$$

$$= \partial_{t1}(c_s^2 \rho I + \rho uu) + \nabla_1 \cdot (c_s^2 \rho \Delta \cdot u) - \sum_i c_i c_i G_i^{(1)}$$

$$= \partial_{t1}(c_s^2 \rho I + \rho uu) + c_s^2 \nabla_{1\gamma}[\rho(u_\alpha \delta_{\beta\gamma} + u_\beta \delta_{\alpha\gamma} + u_\gamma \delta_{\alpha\beta})]$$

$$- \rho[G^{(1)}u + uG^{(1)}]$$

$$= c_s^2(\partial_{t1}\rho + \nabla_1 \cdot \rho u)I + \partial_{t1}\rho uu + c_s^2 \nabla_{1\gamma}[\rho(u_\alpha \delta_{\beta\gamma} + u_\beta \delta_{\alpha\gamma})]$$

$$- \rho [G^{(1)} u + u G^{(1)}]$$

$$= \partial_{t1} \rho u u + c_s^2 (\nabla_{1\beta} \rho u_\alpha + \nabla_{1\alpha} \rho u_\beta) - \rho [G^{(1)} u + u G^{(1)}]$$

$$= c_s^2 \rho (\nabla_{1\alpha} u_\beta + \nabla_{1\beta} \rho u_\alpha) + O(|u|^3) \tag{1-27}$$

其中，$v = c_s^2 (\tau - 0.5) \Delta t$，故式［1-17（b）］可以写为：

$$\partial_{t2} \rho u = \nabla_1 \cdot v \rho (\nabla_1 u + (\nabla_1 u)^T) \tag{1-28}$$

接下来，我们进行不同尺度的粘合，即对式［1-26（a）］$\times \varepsilon$+式（1-28）$\times \varepsilon^2$ 可以得到动量方程：

$$\partial_t \rho u + \nabla \cdot \rho u u = - \nabla p + \nabla \cdot v \rho (\nabla u + (\nabla u)^T) + \rho G \tag{1-29}$$

由上述推导过程，我们组合连续方程及动量方程，得到宏观的 Navier-Stokes 方程组：

$$\partial_t \rho + \nabla \cdot \rho u = 0 \qquad\qquad ［1-30（a）］$$

$$\partial_t \rho u + \nabla \cdot \rho u u = - \nabla p + \nabla \cdot v \rho (\nabla u + (\nabla u)^T) + \rho G \qquad ［1-30（b）］$$

从上述推导过程，我们可以看出，从二阶的 Chapman-Enskog 展开恢复宏观的 Navier-Stokes 方程的过程中，略去了 $O(|u|^3)$ 项，这就意味着，上述推导成立的条件为 Mach 数 $= |u|/c$ 必须是一个很小的量，即当前模型适用于近似不可压流动。这也就导致该模型模拟流动问题时，出现一些可压缩的效应。为了克服这个问题，国内外学者们提出了多种不可压 LB 模型[35-38]，其中应用较为广泛的为 Guo 和 Shi 等人提出的 $D2G9$ 模型[37,38]。

1.2.3　经典的边界处理格式

在前两个小节中，我们主要介绍了描述微观粒子运动的 LB 模型及其与宏观流动方程之间的联系，但是这在实际问题的求解时是远远不够的。除问题本身的初始条件外，边界条件的处理也是流体力学研究中一个极其重要的组成部分，不同的边界处理格式对数值方法的精度和稳定性都有很大的影响。一般地，物理问题的边界条件通常是按照流体本身的宏观物理量（如压力、速度、密度等）给出，然而不同于传统数值方法的是，LB 方法是按照分布函数进行演化。虽然在 LB 方法中由分布函数可较为简单的计算出宏观量，但如何根据宏观的边界条件，合理地确定出分布函数的边界条件却并不容易。近年来，国内外许多专家已经针对不同类型的边界条件设计了多种多样的处理格式，提高了计算精度[39-42]。本小节我们将简单介绍 LB 方法中几种经典的边界处理格式，包括周期边界处理格式、非平衡态外推边界处理格式、反弹边界处理格式。

1.2.3.1　周期边界处理格式

如果流场在某个方向无穷大或在整个计算区域内呈周期变化，那么通常选取其中一个周期性单元作为一个独立的模拟区域，并可以在该方向上采用周期边界（图 1-1 中的水平方向）。周期边界处理格式的核心思想是指，当粒子在 t 时刻流经计算区域边界的一侧并将离开流场时，其在 $t+\Delta t$ 时刻会在相对应的一侧重新流入计算区域。以图 1-2（a）中进口边界的 1 方向为例，其在 $x=L$ 处流出计算区域，但经过一个时间步，其又将从 $x=0$ 处进入流场。假如用分布函数的演化来表征周期边界的处理格式，可以表示如下：

$$\begin{cases} g_i(L, y, z, t+\Delta t)=g_i^+(0, y, z, t), i=3, 6, 7 \\ g_i(0, y, z, t+\Delta t)=g_i^+(L, y, z, t), i=1, 5, 8 \end{cases} \tag{1-31}$$

这里 $g_i^+(x, y, z, t)$ 为碰撞后的分布函数。

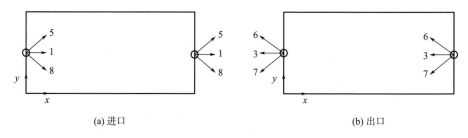

(a) 进口 (b) 出口

图 1-2　周期边界示意图

1.2.3.2　非平衡态外推边界处理格式

继 Zou-He 的非平衡态反弹格式之后，Guo 等人针对速度边界条件又提出了一种新型的外推处理格式——非平衡态外推边界处理格式[42]。该格式的核心思想是，将边界点 xb 处的分布函数 g_i 分为平衡态 g_i^{eq} 和非平衡态 g_i^{neq} 两部分，其中平衡态分布函数可由真实的边界物理量（如速度 u_b）直接得到，而非平衡态部分将由相邻层流体点 xf 的非平衡态分布函数近似得到。虽然非平衡态部分仅是一个一阶小量，但其构成的分布函数却可以达到二阶精度。下面，我们将以 $D2Q9$ 格子模型为例来介绍非平衡态外推格式的基本原理（图 1-3）。首先，由于物理边界处的分布函数 $g_i(x_b, t)$ 可以由两部分表示：

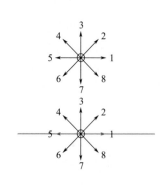

图 1-3　非平衡态外推边界格式示意图（以下边界为例）

$$g_i(x_b, t)=g_i^{eq}(x_b, t)+g_i^{neq}(x_b, t) \tag{1-32}$$

然而，由于粒子的平衡态分布函数不仅包含边界点处已知的宏观速度 u_b，还有未知的密度 ρ_b，因此这里不妨用邻近流体点的密度 ρ_f 来近似，则有：

$$g_i^{eq}(x_b, \ t) = g_i^{eq}(\rho_f, \ u_b, \ t) \tag{1-33}$$

此外，边界点处的非平衡态分布函数 $g_i^{neq}(x_b, \ t)$ 用邻近点的非平衡态可以近似为：

$$g_i^{neq}(x_b, \ t) \approx g_i^{neq}(x_f, \ t) = g_i(x_f, \ t) - g_i^{eq}(\rho_f, \ u_f, \ t) \tag{1-34}$$

最后，将式（1-33）、式（1-34）代入式（1-23），我们即得最终非平衡态外推格式的表达式为：

$$g_i(x_b, \ t) = g_i^{eq}(\rho_f, \ u_b, \ t) + g_i(x_f, \ t) - g_i^{eq}(\rho_f, \ u_f, \ t) \tag{1-35}$$

1.2.3.3　反弹边界处理格式

尽管非平衡态外推的边界处理格式已经被广泛应用于多种实际问题的研究中，但是其一般局限于狄利克雷（Dirichlet）类型的边界条件，当遇到诺伊曼（Neumann）类型的边界条件时，通常需要利用其他的插值格式将其转化为 Dirichlet 类型的边界条件来处理。此外，当计算区域为曲边界或倾斜边界时，该格式的使用将更为复杂。然而，反弹边界处理格式的提出能够较好地克服上述缺点，目前也经常作为一种处理复杂结构或无滑移边界条件时常用的一种边界处理格式[40,43]。

反弹边界处理格式的主要思想是：假设粒子沿速度方向与固壁发生碰撞后，将立即沿其反方向进入流场内部，其数学形式一般可表示如下：

$$g_{\bar{i}}(x_f, \ t) = g_i^{+}(x_f, \ t) \tag{1-36}$$

这类处理格式也通常被称为标准反弹格式（图 1-4）。该格式操作简单且便于实施，但理论及数值研究均表明当前格式仅有一阶精度，这是与 LB 模型本身的二阶精度是不匹配的。因此，后人在此基础上又逐渐提出了一种半步长的反弹处理格式，且结果表明其具有空间二阶精度[44]。与标准反弹格式不同的是，当前改进

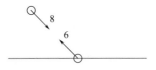

图 1-4　反弹边界处理格式示意图（以下边界为例）

的格式是将计算区域的边界点平移至原边界点和物理边界连线的中间点处，即粒子在 Δt 时间内碰撞和反弹的总路程恰好为 $c_i\Delta t = \Delta x e_i$，其物理意义更加清晰。目前，该边界格式在多种复杂问题的研究中均具有广泛的应用。

综上，我们可以发现，格子 Boltzmann 方法主要包含几个基本要素：离散速度集合、演化方程、分布函数及边界处理格式。因此，针对一个确定的流体对象，一旦恰当设计出上述关键元素，即理论模型的合理性得到保证，就可以根据

流体自身的物理规律和特点开展数值模拟研究。

参考文献

［1］ R. S. Sayles，T. R. Thomas. Surface topography as a nonstationary random process ［J］. Nature，1978（271）：431-434.

［2］ J. A. Greenwood，J. B. P. Williamson. Contact of nominally flat surfaces，Proceedings of the Royal Society A：Mathematical ［J］. Physical and Engineering Sciences，1966（295）：300-319.

［3］ 郁伯铭，徐鹏，邹明清，等. 分形多孔介质输运物理 ［M］. 北京：科学出版社，2014.

［4］ C. Zhang，Y. Chen，Z. Deng. Role of rough surface topography on gas slip flow in microchannels ［J］. Physical Review E，2012（86）：016319.

［5］ Shen A，Liu Y，Qiu X，et al. A model for capillary rise in nano-channels with inherent surface roughness ［J］. Applied Physics Letters. 2017，110（12）：121601.

［6］ B. B. Mandelbrot. The Fractal Geometry of Nature ［M］. New York：Freeman，1983.

［7］ A. Majumdar，B. Bhushan. Role of fractal geometry in roughness characterization and contact mechanics of surfaces ［J］. Journal of Tribology，1990，112（2）：205-216.

［8］ T. L. Warren，D. Krajcinovic. Random cantor set models for the elastic-perfectly plastic contact of rough surfaces ［J］. Wear，1996（196）：1-15.

［9］ Y. Chen，C. Zhang，P. Fu，et al. Characterization of surface roughness effects on laminar flow in microchannels by using fractal cantor structures ［J］. Journal of Heat Transfer，2012（134）：051011.

［10］ S. Mahovic Poljacek，D. Risovic，K. Furic，et al. Comparison of fractal and profilometric methods for surface topography characterization ［J］. Applied Surface Science，2008，254（111）：3449-3458.

［11］ M. Q. Zou，B. M. Yu，P. Xu. Fractal model for thermal contact conductance ［J］. Journal of Heat Transfer，2008（130）：101301.

［12］ Yang，S. S.，B. M. Yu.，Zou，et al. A fractal analysis of laminar flow resistance in roughened microchannels ［J］. Int. J. Heat Mass Transf. 2014（77）：208-217.

［13］ Yang，S. S.，Liang，M. C.，et al. Permeability model for fractal porous media with rough surfaces ［J］. Microfluid Nanofluid，2015，18（5-6）：1085-1093.

［14］ Li，J. H.，B. M. Yu.，et al. A model for fractal dimension of rough surfaces ［J］. Chinese Phys. Lett. 2009（26）：116101.

［15］ B. M. Yu.，Cheng，P.. A fractal permeability model for bi-dispersed porous media ［J］. Int. J. Heat Mass Transf. 2002（45）：2983-2993.

［16］ Yu B，Lee LJ，Cao H. A fractal in-plane permeability model for fabrics ［J］. Polymer com-posites. 2002，23（2）：201-221.

［17］ B. M. Yu.，Li，J. H.. Some fractal characters of porous media ［J］. Fractals，2001（9）：365-372.

［18］ Wu，P.，Little，et al. Measurement of friction factors for the flow of gases in very fine channels used for microminiature Joule-Thomson refrigerators ［J］. Cryogenics，1983（24）：415-420.

［19］ Harms T M，Kazmierczak M J，Gerner F M. Developing convective heat transfer in deep rectan-gular microchannels ［J］. International Journal of Heat and Fluid Flow，1999，20（2）：149-157.

［20］ Mala G M，Li D. Flow characteristics of water in microtubes ［J］. International journal of heat and fluid flow，1999，20（2）：142-148.

［21］ 杨珊珊. 粗糙微通道流体流动特性的分形分析 ［D］. 武汉：华中科技大学，2015.

［22］ S. Y. Chen，G. D. Doolen. Lattice Boltzmann method for fluid flows，Annu. Rev ［J］. Fluid Mech.，1998（30）：329-364.

［23］ S. Succi. The lattice Boltzmann equation for fluid dynamics and beyond ［M］. Oxford：Oxford University Press，2001.

［24］ C. K. Aidun，J. R. Clausen. Lattice-Boltzmann method for complex flows，Annu. Rev ［J］. Fluid Mech.，2010（42）：439-472.

［25］ X. Y. He，L. -S. Luo. A priori derivation of the lattice Boltzmann equation ［J］. Phys. Rev. E，1997（55）：R6333.

［26］ X. W. Shan，X. Y. He. Discretization of the velocity space in the solution of the Boltzmann equa-tion ［J］. Phys. Rev. Lett.，1998（80）：65.

［27］ U. Frisch，B. Hasslacher，Y. Pomeau. Lattice-gas automata for the Navier-Stokes equation ［J］. Phys. Rev. Lett.，1986（56）：1505.

［28］ S. Chapman，T. Cowling. The mathematical theory of non-uniform gases：An account of the ki-netic theory of viscosity，thermal conduction and diffusion in gases ［M］. Cambridge：Cam-bridge University Press，1970.

［29］ M. Junk，W. A. Yong. Rigorous Navier-Stokes limit of the lattice Boltzmann equation ［J］. As-ymptotic Anal.，2003（35）：165-185.

［30］ M. Junk，A. Klar，L. -S. Luo. Asymptotic analysis of the lattice Boltzmann equation ［J］. Comput. Phys.，2005（210）：676-704.

［31］ M. Junk，Z. X. Yang. Convergence of lattice Boltzmann methods for Navier-Stokes flows in peri-odic and bounded domains，Numer ［J］. Math.，2009（112）：65-87.

［32］ Z. X. Yang，W. A. Yong. Asymptotic analysis of the lattice Boltzmann method for generalized

Newtonian fluid flows [J]. Multiscale Model. Sim. , 2014 (12): 1028-1045.

[33] W. A. Yong, W. F. Zhao, L. -S Luo. Theory of the Lattice Boltzmann method: Derivation of macroscopic equations via the Maxwell iteration [J]. Phys. Rev. E, 2016 (93): 033310.

[34] Y. H. Qian, D. d' Humieres, P. Lalleman. Lattice BGK models for Navier-Stokes equation [J]. Europhys. Lett. , 1992 (17): 479.

[35] Q. S. Zou, S. L. Hou, S. Y. Chen, et al. A improved incompressible lattice Boltzmann model for time independent flows [J]. J. Stat Phys. , 1995 (81): 35-48.

[36] X. Y. He, G. D. Doolen. Lattice Boltzmann method on curvilinear coordinates system: flow a-round a circular cylinder [J]. J. Comput. Phys. , 1997 (134): 306-315.

[37] Z. L. Guo, B. C. Shi, N. C. Wang. Lattice BGK model for incompressible Navier-Stokes equa-tion [J]. J. Comput. Phys. , 2000 (165): 288-306.

[38] N. Z. He, N. C. Wang, B. C. Shi, et al. A unified incompressible lattice BGK model and its ap-plication to three-dimensional lid-driven cavity flow [J]. Chinese Phys. , 2004 (13): 40.

[39] X. Y. He, Q. S. Zou, L. -S. Luo, et al. Analytic solutions of simple flows and analysis of non-slip boundary conditions for the lattice Boltzmann BGK model [J]. J. Stat Phys. , 1997 (87): 115-136.

[40] A. J. C. Ladd. Numerical simulations of particulate suspensions via a discretized Boltzmann equa-tion. Part 1. Theoretical foundation [J]. Fluid Mech. , 1994 (271): 285-309.

[41] D. R. Noble, S. Chen, J. G. Georgiadis, et al. A consistent hydrodynamic boundary condition for the lattice Boltzmann method [J]. Phys. Fluids, 1995 (7): 203-209.

[42] Z. L. Guo, C. G. Zheng, B. C. Shi. Non-equilibrium extrapolation method for velocity and pres-sure boundary conditions in the lattice Boltzmann method [J]. Chinese Phys. , 2002 (11): 366.

[43] A. J. C. Ladd. Numerical simulations of particulate suspensions via a discretized Boltzmann equa-tion Part 2. Numerical results [J]. Fluid Mech. , 1994 (271): 311-339.

[44] D. P. Ziegler. Boundary conditions for lattice Boltzmann simulations [J]. Stat. Phys. , 1993 (71): 1171-1177.

第 2 章　多孔介质单组分气体渗透率的分形分析

2.1　引言

气体渗透率是多孔介质的一个重要的传质特性参数。基于达西定律，渗透率即为流速与压力降的比值，可以通过实验进行测量，然而实验测得的渗透率通常无法建立渗透率与多孔介质结构参数之间的定量关系式。预测多孔介质渗透率最经典的模型就是科泽尼—卡尔曼（Kozeny-Carman，KC）方程[1]，对于不同的多孔介质和流体，不同的研究人员获得的结果差异很大，该测量过程存在很大的争议。

KC 方程作为一个经验模型，自提出以来就有局限性。后续 Gebart 等[2] 对 KC 模型进行了修正，但是仍无法揭示 KC 常数背后的具体物理意义。自 20 世纪 50 年代以来，在开发基于孔隙模型（如 KC 方程）的同时，学者们专门致力于确定单位元胞的渗透率，他们通过求解带有边界条件的 Stokes 方程，获得近似解[3,4]。至此气体通过单向纤维流动的基本原理得到了广泛的研究和理解，但是该原理仅适用于结构有序的多孔材料。

值得指出的是，上述研究仅能反应部分介质参数的影响，不能完全揭示其中详细的传输机制。于是近十年来，许多研究人员致力于推导多孔介质渗透率的分析解模型。Tamayol 等[5] 考虑机械压缩和聚四氟乙烯含量的影响，通过对尺度分析模型进行修正，预测了燃料电池中气体扩散层的渗透率。DeValve 和 Pitchumani[6] 给出由排列整齐纤维的多孔介质中纵向流体流动的解析序列解，建立了无量纲渗透率与纤维体积份额、纤维排列和纤维填充角的关系表达式。基于黏滞不可压缩泊肃叶定律，肖学良等[7] 提出了一个预测织物渗透率的分析模型。事实上，许多高分子材料和纤维材料的孔隙具有分形结构，基于分形理论，赵宗昌等[8] 采用扫描电子显微镜观测气体扩散层的微观形貌，推导出燃料电池气体扩散层中渗透率和液体水相对渗透率的分形模型。Vasin 等[9] 用具有分形多孔层圆柱形纤维构成多孔介质，然后获得了该介质渗透率模型。近期，蔡建超等[10] 对采用分形几何理论研究纤维多孔介质渗透率的研究进展进行了综述，并对已提出的分形模型进行了分析和总结。美国康奈尔大学范金土教授科研小组也开展了相关研究，分别建立了单孔隙纤维多孔介质、燃料电池中气体扩散层和双尺度纤维材料中渗透率的模型。

尽管多孔介质的渗透率被表示为介质微观结构的函数，但是研究仅局限于内部孔隙或孔隙通道表面是光滑的情形。但其中一个重要的参数，即孔隙或孔隙通道壁面的粗糙度，并没有在理论模型中体现。于是，东南大学陈永平研究小组[11] 分析了微通道粗糙表面形貌对气体滑移流动的作用，研究并考虑了粗糙高度、表面分形维数和努森数等对微通道气体流动滑移行为的影响。华南理工大学王清辉等[12] 针对燃料电池中多孔金属纤维烧结毡，综合隐式周期表面模型和Weierstrass-Mandelbrot 分形几何理论，构造了多尺度模型，并进行了气体渗透率的研究。尽管如此，这些研究中的粗糙表面模型仅为二维的，并没有考虑具有粗糙表面的三维真实毛细管道中气体流动的物理机理。因此本章将基于分形几何理论，分别介绍粗糙管束模型中不同流动区域气体渗透率的分形模型。

2.2 滑移流区多孔介质气体表观渗透率的分形模型

当孔隙大小与气体分子平均自由程相当时，传统的达西定律和菲克定律不能准确地描述气体流动行为，因此气体滑移效应和表面形态对气体输运特性的影响显得尤为重要，并吸引了该领域许多学者的关注[13-19]。

预测致密多孔介质中气体表观渗透率的著名模型是克林肯贝格（Klinkenberg）方程[20]，可以表示为：

$$K = K_0\left(1 + \frac{b}{P}\right) \tag{2-1}$$

式中：K_0——无滑移边界条件下的绝对/液体渗透率；

P——压强；

b——klinkenberg 滑移因子。

根据式（2-1），计算气体表观渗透率的关键是确定气体滑移因子。大量的经验相关式被用来估计气体的滑移因子[21-27]，其中绝对/液体渗透率指数在-0.33~-0.53范围。然而，这些经验常数背后的物理意义尚不清晰。

基于分形几何理论，笔者和徐鹏课题组推导了气体滑移因子的解析表达式[17,19]，研究都是基于光滑的毛细管道，并没有考虑壁面表面形貌的影响。研究表明，壁面表面形貌对滑移流区微尺度气体流动有很大影响[11,13,28-33]。大量的学者采用数值模拟方法，比如格子玻尔兹曼方法，计算流体动力学和分子动力学模拟，来研究表面粗糙度对气体流动的影响机理[11,13,31]。通常，在随机结构或系统中表面形貌是非常粗糙的，测量的粗糙度强烈依赖仪器的分辨率和扫描长度。因此，各种几何形状，比如三角形、矩形、正弦结构和其他随机结构，已经被应用于构建粗糙表面形貌[28,29,33]，这些模型如此规则，以至于不能很好地表征粗糙表面的内在随机性。Mandelbrot[34] 提出的分形几何理论为复杂系统和无序系统的表征提供了一种新的方法，因此分形被用于描述粗糙表面形貌。本节工作的研究的多孔介质正是第 1 章 1.1 介绍具有粗糙表面的毛细管束分形模型，具体理论就不赘述。下面主要介绍粗糙表面形貌多孔介质中气体表观渗透率和气体滑移因子的分形模型。

2.2.1　气体表观渗透率的分形模型

微纳多孔介质中的气体流动应考虑气体滑移效应（或 Klinkenberg 效应），我们假设多孔介质由一束弯曲毛细管道构成，其孔隙尺寸和粗糙表面均满足分形标度定律。

Beskok 和 Karniadakis[35] 开发了单根毛细管道中气体流量计算的模型，该模型可以适用于所有流动区域：连续介质区、滑移区、过渡区和自由分子流区。

$$q(\lambda) = \frac{\pi\lambda^4}{128\mu}(1 + \eta Kn)\left(1 + \frac{4Kn}{1 - bKn}\right)\frac{\Delta P}{L_t(\lambda)} \qquad (2-2)$$

式中：λ——毛细管道直径；

　　　μ——气体黏度；

　　　η——无量纲的稀薄系数，其值从滑移流区的 0 变化到自由分子流区的恒定渐近值；

　　ΔP——毛细管道两端之间的压差；

　$L_t(\lambda)$——毛细管的实际长度；

　　　Kn——努森数，通常用于划分流动区域，一般定义为：

$$Kn = \frac{l}{R} = \frac{2l}{\lambda} \qquad (2-3)$$

式中：R——毛细管道半径；

　　　l——气体分子平均自由程，可由式（2-4）计算[36]：

$$l = \frac{\mu}{P} \sqrt{\frac{\pi R_g T}{2M}} \tag{2-4}$$

式中：R_g——气体常数；

   T——绝对温度；

   M——气体分子质量。

在滑移流区，即 $0.001 < Kn < 0.1$，$\eta = 0$，$b = -1$，式（2-2）可以改写为[35]：

$$q(\lambda) = \frac{\pi \lambda^4}{128\mu} \left(1 + \frac{4Kn}{1 + Kn} \right) \frac{\Delta P}{L_t(\lambda)} \tag{2-5}$$

由于 $Kn \ll 1$，将式（2-3）代入式（2-5），即可获得单根光滑管道中气体流量的近似表达式：

$$q(\lambda) = \frac{\pi \lambda^4}{128\mu} \left(1 + \frac{8l}{\lambda} \right) \frac{\Delta P}{L_t(\lambda)} \tag{2-6}$$

当毛细管道的壁面是粗糙的，多孔介质中气体流动的空间会变小，式（2-6）可以进一步修订为：

$$\begin{aligned} q_R(\lambda) &= \frac{\pi (\lambda - 2\bar{h}_\lambda)^4}{128\mu} \left(1 + \frac{8l}{(\lambda - 2\bar{h}_\lambda)} \right) \frac{\Delta P}{L_t(\lambda)} \\ &= \frac{\pi \lambda^4 (1 - \varepsilon)^4}{128\mu} \left(1 + \frac{8l}{\lambda(1 - \varepsilon)} \right) \frac{\Delta P}{L_t(\lambda)} \end{aligned} \tag{2-7}$$

式中：$q_R(\lambda)$——单根粗糙弯曲毛细管道的气体流量；

   ε——相对粗糙度，可由式（1-5）确定。

根据式（2-7）可知，在压差恒定的情况下，壁面粗糙度降低了气体流量。当 $\varepsilon = 0$ 时，式（2-7）可简化为式（2-6），这正是光滑毛细管道的气体流量；相对粗糙度越大，气体流量越低，符合实际情况。

通过对单根气体流量 $q_R(\lambda)$ 进行积分，可获得具有粗糙表面的多孔介质的总气体流量 Q_R：

$$\begin{aligned} Q_R &= -\int_{\lambda_{\min}}^{\lambda_{\max}} q_R(\lambda) \mathrm{d}N \\ &= \frac{\pi D_f \lambda_{\max}^{3+D_T} \Delta P (1 - \varepsilon)^4}{128\mu L_0^{D_T} (3 + D_T - D_f)} (1 - \alpha^{3+D_T-D_f}) + \frac{8l\pi D_f \lambda_{\max}^{2+D_T} \Delta P (1 - \varepsilon)^3}{128\mu L_0^{D_T} (2 + D_T - D_f)} (1 - \alpha^{2+D_T-D_f}) \end{aligned}$$

$$\tag{2-8}$$

当 $1 < D_T < 3$，$1 < D_f < 2$ 和 $\alpha \approx 10^{-2}$，可得 $\alpha^{3+D_T-D_f} \ll 1$ 和 $\alpha^{2+D_T-D_f} \ll 1$，式（2-8）可以化简为：

$$Q_R = \frac{\pi D_f \lambda_{3+D_T}^3 \Delta P (1-\varepsilon)^4}{128 \mu L_0^{D_T} (3 + D_T - D_f)} + \frac{8l \pi D_f \lambda_{2+DT}^2 \Delta P (1-\varepsilon)^3}{128 \mu L_0^{D_T} (2 + D_T - D_f)} \tag{2-9}$$

根据广义达西定律，微纳多孔介质中气体的渗透率可以由式（2-10）计算：

$$K_R = \frac{\mu L_0 Q_R}{\Delta PA}$$

$$= \frac{\pi D_f \lambda_{\max}^{3+D_T} (1-\varepsilon)^4}{128 L_0^{D_T-1} A (3 + D_T - D_f)} \left[1 + \frac{8l (3 + D_T - D_f)}{\lambda_{\max} (1-\varepsilon)(2 + D_T - D_f)} \right] \tag{2-10}$$

式中：K_R——具有粗糙表面的微纳多孔介质的气体表观渗透率，它不仅与多孔介质的微观结构参数（比如相对粗糙度 ε、最大孔隙直径 $\lambda_{\max}$、特征长度 L_0、截面积 A、迁曲度分形维数 D_T 和孔分形维数 D_f）有关，而且与气体属性有关。

式（2-10）显示相对粗糙度对气体渗透率有较大的影响，相对粗糙度越高，气体表观渗透率越低，这是由于粗糙度的增加，气体分子与管道壁面碰撞的频率会随之增加。

当 $\varepsilon = 0$，即假设光滑毛细管道时，式（2-10）简化为：

$$K_R = \frac{\pi D_f \lambda_{\max}^{3+D_T}}{128 L_0^{D_T-1} A (3 + D_T - D_f)} \left[1 + \frac{8l (3 + D_T - D_f)}{\lambda_{\max} (2 + D_T - D_f)} \right] \tag{2-11}$$

式（2-11）恰好就是滑移流区具有光滑表面的多孔介质的气体表观渗透率分形模型[17,19]，其中右侧的第一项是 Yu 和 Cheng 提出的无滑移效应的绝对/液体渗透率的分形理论模型[37]。

此外，将式（2-10）与杨姗姗等构建的粗糙多孔介质渗透率的分形模型进行比较，右侧第一项正是粗糙表面多孔介质的绝对/液体渗透率，即：

$$K_\infty = \frac{\pi D_f \lambda_{\max}^{3+D_T} (1-\varepsilon)^4}{128 L_0^{D_T-1} A (3 + D_T - D_f)} \tag{2-12}$$

研究发现，K_∞ 是粗糙表面多孔介质微观结构参数的函数[38]。

将式（2-12）代入式（2-10），可得滑移流区具有粗糙表面的微纳多孔介质气体表观渗透率如下：

$$K_R = K_\infty \left[1 + \frac{8l (3 + D_T - D_f)}{\lambda_{\max} (1-\varepsilon)(2 + D_T - D_f)} \right] \tag{2-13}$$

对比式（2-13）与式（2-1）表示的 Klinkenberg 方程，我们很容易地得到粗糙多孔介质的气体滑移因子，即：

$$b = \frac{8Pl (3 + D_T - D_f)}{\lambda_{\max} (1-\varepsilon)(2 + D_T - D_f)} \tag{2-14}$$

通过式（2-14）可以看出：不同于以往提出的经验关系式[21-27]，式（2-14）揭示了气体滑移因子与多孔介质结构参数之间的理论关系。气体滑移因子模型不仅反映了多孔介质结构参数和气体固有属性的影响，而且反映了多孔介质粗糙壁面形貌的影响。其中最大直径 λ_{max} 可由下式计算[39]：

$$\lambda_{max} = \sqrt{32\bar{\tau}K_\infty \frac{4 - D_f}{2 - D_f}\frac{1 - \phi}{\phi}} \tag{2-15}$$

式中：$\bar{\tau}$——多孔介质的平均弯曲度；

ϕ——孔隙率。

最后，将式（2-4）和式（2-15）代入式（2-14），可得：

$$b = \frac{8\mu(3 + D_T - D_f)}{(1 - \varepsilon)(2 + D_T - D_f)\sqrt{32\bar{\tau}\frac{1 - \phi}{\phi}\frac{4 - D_f}{2 - D_f}}}\sqrt{\frac{\pi R_g T}{2M}}(K_\infty)^{-1/2} \tag{2-16}$$

式（2-16）即为滑移流区粗糙表面微纳多孔介质气体滑移因子的分形模型。由式（2-16）可知，气体滑移系数与绝对/液体渗透率成反比，这与经验模型一致。此外，与经验模型对比，该气体滑移因子分形模型能够反映多孔介质和气体固有属性的影响，可以揭示更多的气体基本输运机理。

2.2.2 多孔介质结构参数对气体滑移因子的影响

根据 Klinkenberg 方程，一旦气体滑移因子确定了，气体表观渗透率就相应确定了，因此本节仅分析多孔介质微观结构参数对气体滑移因子的详细影响机理。

基于 2.2.1 推导的气体滑移因子的分形模型［式（2-16）］，孔分形维数可由式（1-7）确定，而迂曲度分形维数可由下式确定[40]：

$$D_T = 1 + \ln\bar{\tau}/\ln(L_0/\bar{\lambda}) \tag{2-17（a）}$$

其中，平均迂曲度 $\bar{\tau}$ 和 $L_0/\bar{\lambda}$ 可以分别由式［2-17（b）、(c)］计算：

$$\bar{\tau} = \frac{1}{2}\left[1 + \sqrt{1 - \phi} + \sqrt{1 - \phi}\frac{\sqrt{\left(\frac{1}{\sqrt{1 - \phi}} - 1\right)^2 + \frac{1}{4}}}{1 - \sqrt{1 - \phi}}\right] \tag{2-17（b）}$$

$$\frac{L_0}{\bar{\lambda}} = \frac{D_f - 1}{D_f}\left[\frac{1 - \phi}{\phi}\frac{\pi}{4(2 - D_f)}\right]^{1/2}\frac{\lambda_{max}}{\lambda_{min}} \tag{2-17（c）}$$

为了验证分形模型，我们将气体滑移因子理论模型与实验数据[25,27]（致密气砂样品和 30 种沉积岩）和经验关系式[25] 进行了对比。在这些实验测量中，氮气是样品气体，表 2-1 给出了氮气的参数和多孔介质的结构参数。在模型预测中，假设最小孔径与最大孔径之比为 10^{-2}，即 $\alpha = 10^{-2}$，孔隙率 $\phi = 0.1$，相对粗糙度为 0.09。

表 2-1　气体和多孔介质相关参数[25,27]

参数	数值	说明
M	28.01348kg/kmol	气体分子质量（氮）
l	16.6	气体黏度（氮）
T	10^6Pas	室温
	285K	
$R_g a$	8314J/kmolK · 10^2	气体常数
		最小孔径与最大孔径之比
$/$	0.1	孔隙度
e	0.09	相对粗超度

图 2-1 展示了气体滑移因子随绝对/液体渗透率的变化趋势。由图可知，分形模型预测的气体滑移因子与实验数据[25,27] 吻合较好。且与经验关系式对比，看似经验关系式与实验数据存在更好的一致性，但经验模型无法揭示经验常数背后的物理机理，我们的模型中每个参数都有明确的物理意义，可以揭示多孔介质微观结构参数对气体滑移流动的影响。

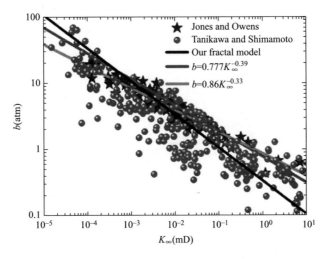

图 2-1　气体滑移系数 b 随绝对/液体渗透率 K_∞ 的变化趋势

（分形模型与实验数据[25,27] 和经验关系式[25] 的比对）

下面，我们将分析气体滑移因子随多孔介质的微观结构参数的变化趋势，图2-2研究了在不同相对粗糙度下气体滑移因子随孔隙度的变化趋势。可以发现，气体滑移因子随孔隙度和相对粗糙度的增大而增大，当相对粗糙度 $\varepsilon=0$ 时，气体滑移因子最小。这是因为孔隙度越高，气体滑移空间越大，相对粗糙度越大，气体分子与毛细管道的碰撞频率越高，导致气体滑移因子变大。

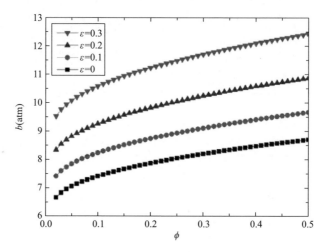

图2-2　气滑因子 b 随孔隙度 ϕ 的变化趋势

图2-3刻画了在不同孔隙度下迁曲度分形维数对气体滑移因子的影响。可以看出，迁曲度分形维数越大，气体滑移因子越小，主要原因在于气体流动阻力随迁曲度分形维数的增大而增大。气体滑移因子随孔隙度的相似变化趋势可参见图2-2。

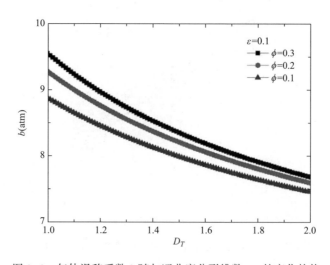

图2-3　气体滑移系数 b 随与迁曲度分形维数 D_T 的变化趋势

图 2-4 给出了气体滑移因子随孔分形维数的变化趋势。从图中看出，随着孔分形维数的增大和迁曲度分形维数的减小，气体滑移因子增大。

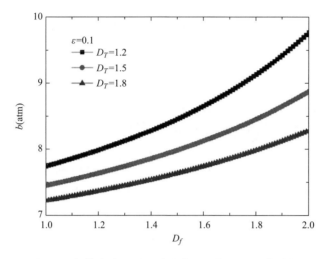

图 2-4　气体滑移因子 b 随孔分形维数 D_f 的变化趋势

2.3　过渡区多孔介质气体渗透率的分形模型

本节主要讨论在过渡区多孔介质内部孔隙通道的壁面形貌对气体流动的影响机理。

为了表征具有粗糙表面的多孔介质，我们做了如同 2.2 节的假设：

（1）假设多孔介质由一束弯曲的毛细管道组成，满足分形分布。

（2）假设圆锥体粗糙元随机分布在孔隙通道的壁面，粗糙元的底面直径和高度服从同样的分形分布。详细的多孔介质理论模型详见第 1 章 1.1 部分。

下面我们不仅推导了过渡区具有粗糙表面的多孔介质中气体渗透率的分形模型，而且以质子交换燃料电池（PEMFCS）中的气体扩散层（GDL）为研究对象，进一步建立了气体渗透率与结构参数的解析模型。

2.3.1　气体渗透率的分形模型

众所周知，气体流动机制依赖于努森数。当多孔介质的孔径在 10^{-5}m 到 10^{-8}m 之间，气体分子的平均自由程约为 10^{-7}m，则努森数约为 $10^{-2} \sim 10$，此时应考虑气体滑移效应对单根迂曲毛细管道气体流量的影响，Adzumi 方程可以确定过渡区单根迂曲管道的气体流量[41]。

$$q(\lambda) = \frac{\pi}{128} \frac{\Delta P}{L_t(\lambda)} \frac{\lambda^4}{\mu} + \frac{\psi}{6} \sqrt{\frac{2\pi R_g T}{M}} \frac{\lambda^3}{L_t(\lambda)} \frac{\Delta P}{P} \qquad (2-18)$$

式中：ΔP——毛细管两端的压差；

μ——气体黏度；

ψ——Adzumi 常数，单组分气体和混合气体分别为 0.9 和 0.66；

R——气体常数；

M——气体分子质量；

P——毛细管中平均分压，实际长度 $L_t(\lambda)$ 可由式（1-9）计算。通常，多孔介质中毛细管道的表面是粗糙的，于是对式（2-18）进行修订，可得单根粗糙毛细管道的气体流量：

$$q_R(\lambda) = \frac{\pi}{128} \frac{\Delta P}{L_t(\lambda)} \frac{(\lambda - 2\overline{h}_\lambda)^4}{\mu} + \frac{\psi}{6} \sqrt{\frac{2\pi R_g T}{M}} \frac{(\lambda - 2\overline{h}_\lambda)^3}{L_t(\lambda)} \frac{\Delta P}{P} \quad (2-19)$$

借助式（1-5），式（2-19）可进一步改写为：

$$q_R(\lambda) = \frac{\pi}{128} \frac{\Delta P}{L_t(\lambda)} \frac{\lambda^4(1-\varepsilon)^4}{\mu} + \frac{\psi}{6} \sqrt{\frac{2\pi R_g T}{M}} \frac{\lambda^3(1-\varepsilon)^3}{L_t(\lambda)} \frac{\Delta P}{P} \quad (2-20)$$

为了保证式（2-20）的可靠性，相对粗糙度 ε 不能无穷大，否则气体流动区域会发生改变。例如，当气体平均自由程为 10^{-7}m 时，最大孔径和最小孔径分别为 5×10^{-6}m 和 5×10^{-8}m 时，Knudsen 数的取值范围为 0.02~5。为了将克努森数 Kn 限制在 0.01~10，相对粗糙度 ε 应小于 0.5。显然，相对粗糙度的取值范围与孔隙直径和气体属性有关。不同情况对应不同的相对粗糙度范围。

我们假设多孔介质的孔隙直径满足分形分布，于是直接对单根粗糙毛细管道的流量，$q_R(\lambda)$，从最小孔径 $\lambda_{\min}$ 到最大孔径 $\lambda_{\max}$ 进行积分，即可获得多孔介质总的气体流量。

$$Q_R = -\int_{\lambda_{\min}}^{\lambda_{\max}} q_R(\lambda) \mathrm{d}N = \frac{\pi \Delta P D_f \lambda_{\max}^{3+D_T}(1-\varepsilon)^4}{128 \mu L_0^{D_T}(3+D_T-D_f)} \times \left[1 - \left(\frac{\lambda_{\min}}{\lambda_{\max}}\right)^{3+D_T-D_f}\right]$$

$$+ \frac{\eta}{6} \sqrt{\frac{2\pi RT}{M}} \times \frac{\Delta P D_f \lambda_{\max}^{2+D_T}(1-\varepsilon)^3}{P L_0^{D_T}(2+D_T-D_f)} \times \left[1 - \left(\frac{\lambda_{\min}}{\lambda_{\max}}\right)^{2+D_T-D_f}\right] \quad (2-21)$$

其中，$1<D_f<2$，$1<D_T<3$，$\lambda_{\min}/\lambda_{\max} \approx 10^{-2}$，$\left(\frac{\lambda_{\min}}{\lambda_{\max}}\right)^{3+D_T-D_f}$ 和 $\left(\frac{\lambda_{\min}}{\lambda_{\max}}\right)^{2+D_T-D_f}$ 均趋于 0。则式（2-21）可简化为：

$$Q_R = \frac{\pi \Delta P D_f \lambda_{max}^{3+D_T}(1-\varepsilon)^4}{128\mu L_0^{D_T}(3+D_T-D_f)} + \frac{\psi}{6}\sqrt{\frac{2\pi R_g T}{M}\frac{\Delta P D_f \lambda_{max}^{2+D_T}(1-\varepsilon)^3}{P L_0^{D_T}(2+D_T-D_f)}} \quad (2-22)$$

根据达西定律，可以获得过渡区粗糙多孔介质气体渗透率的分形模型：

$$K_R = \frac{\mu L_0 Q_R}{\Delta P A} = \frac{\pi L_0^{1-D_T} D_f \lambda_{max}^{3+D_T}(1-\varepsilon)^4}{128A(3+D_T-D_f)} + \frac{\psi}{6}\sqrt{\frac{2\pi R_g T}{M}}\frac{\mu L_0^{1-D_T} D_f \lambda_{max}^{2+D_T}(1-\varepsilon)^3}{PA(2+D_T-D_f)}$$
$$(2-23)$$

其中 A 为多孔介质的截面积：

$$A = \frac{A_p}{\phi} = \frac{\pi D_f(1-\phi)}{4(2-D_f)\phi}\lambda_{max}^2 \quad (2-24)$$

式（2-23）中的右侧第一项正好表示 Hagen-Poiseulle 方程中粗糙表面多孔介质的绝对渗透率模型[38]，第二项表示气体滑移对气体流动的影响。

将式（2-24）代入式（2-23），气体渗透率的分形模型可以表示为：

$$K_R = \frac{(2-D_f)\phi L_0^{1-D_T}\lambda_{max}^{1+D_T}(1-\varepsilon)^4}{32(3+D_T-D_f)(1-\phi)} + \frac{2\eta}{3}\sqrt{\frac{2R_g T}{\pi M}}\frac{\mu(2-D_f)\phi L_0^{1-D_T}\lambda_{max}^{D_T}(1-\varepsilon)^3}{P(2+D_T-D_f)(1-\phi)}$$
$$(2-25)$$

式（2-25）表明，气体渗透率是相对粗糙度 ε、孔隙率 ϕ、分形维数 D_f 和 D_T 以及结构参数 L_0 和 λ_{max} 的函数。式（2-25）也表明，气体渗透性对最大孔径 λ_{max} 非常敏感，相对粗糙度越高，气体渗透性就越低，这与物理情况是一致的。

假设多孔介质中毛细管道的壁面是光滑的，即 $\varepsilon = 0$，则式（2-25）可简化为：

$$K_R = \frac{(2-D_f)\phi L_0^{1-D_T}\lambda_{max}^{1+D_T}}{32(3+D_T-D_f)(1-\phi)} + \frac{2\psi}{3}\sqrt{\frac{2R_g T}{\pi M}}\frac{\mu(2-D_f)\phi L_0^{1-D_T}\lambda_{max}^{D_T}}{P(2+D_T-D_f)(1-\phi)}$$
$$(2-26)$$

式（2-26）正是具有光滑毛细管道的多孔介质的气体渗透性模型。

如果对于质子交换燃料电池（PEMFCS）中的气体扩散层（GDL），毛细管道的平均直径可以表示为孔隙率和纤维直径的函数[42,43]。

$$\lambda_a = \frac{\phi}{1-\phi}D \quad (2-27)$$

式中：D——纤维直径。

GDL 的平均孔径可以通过下式计算：[44]

$$\lambda_a = \left(\frac{D_f}{4-D_f}\right)^{1/4}\lambda_{max} \quad (2-28)$$

基于式（2-27）和式（2-28），最大孔径可用孔隙率、孔分形维数与纤维直径表示：

$$\lambda_{\max} = \frac{\phi}{1 - \phi}\left(\frac{4 - D_f}{D_f}\right)^{1/4} D \tag{2-29}$$

对于纤维增强复合材料，其特征长度 L_0 可近似表示为：[45]

$$L_0 = \sqrt{A} = \sqrt{\frac{\pi D_f(1 - \phi)}{4(2 - D_f)\phi}}\,\lambda_{\max} \tag{2-30}$$

其中，横截面面积 A 由式（2-24）确定。

将式（2-30）代入式（2-25）得到：

$$K_R = \frac{\pi D_f \lambda_{\max}^2 (1 - \varepsilon)^4}{128(3 + D_T - D_f)}\left[\frac{4(2 - D_f)\phi}{\pi D_f(1 - \phi)}\right]^{\frac{1+D_T}{2}}$$

$$+ \frac{\psi}{6}\sqrt{\frac{2R_g T}{\pi M}\frac{\mu \pi D_f \lambda_{\max}(1 - \varepsilon)^3}{P(2 + D_T - D_f)}} \times \left[\frac{4(2 - D_f)\phi}{\pi D_f(1 - \phi)}\right]^{\frac{1+D_T}{2}} \tag{2-31}$$

然后，将式（2-29）代入式（2-31），可以得到：

$$K_R = \frac{\pi D_f(1 - \varepsilon)^4}{128(3 + D_T - D_f)}\left[\frac{4(2 - D_f)\phi}{\pi D_f(1 - \phi)}\right]^{\frac{1+D_F}{2}} \times \left[\frac{\phi}{1 - \phi}\left(\frac{4 - D_f}{D_f}\right)^{1/4} D\right]^2$$

$$+ \frac{\psi}{6}\sqrt{\frac{2R_g T}{\pi M}\frac{\mu \pi D_f(1 - \varepsilon)^3}{P(2 + D_T - D_f)}} \times \left[\frac{4(2 - D_f)\phi}{\pi D_f(1 - \phi)}\right]^{\frac{1+D_T}{2}} \frac{\phi}{1 - \phi} \times \left(\frac{4 - D_f}{D_f}\right)^{1/4} D \tag{2-32}$$

最后，气体通过粗糙多孔气体扩散层 GDL 的无量纲气体渗透率的解析模型可表示为：

$$\frac{K_R}{D^2} = \frac{\pi D_f(1 - \varepsilon)^4}{128(3 + D_T - D_f)}\left[\frac{4(2 - D_f)\phi}{\pi D_f(1 - \phi)}\right]^{\frac{1+D_T}{2}} \times \left[\frac{\phi}{1 - \phi}\left(\frac{4 - D_f}{D_f}\right)^{\frac{1}{4}}\right]^2$$

$$+ \frac{\psi}{6}\sqrt{\frac{2R_g T}{\pi M}\frac{\mu \pi D_f(1 - \varepsilon)^3}{P(2 + D_T - D_f)}} \times \left[\frac{4(2 - D_f)\phi}{\pi D_f(1 - \phi)}\right]^{\frac{1+D_T}{2}} \frac{\phi}{1 - \phi} \times \left(\frac{4 - D_f}{D_f}\right)^{1/4} \frac{1}{D} \tag{2-33}$$

由式（2-33）可知，无量纲气体渗透率是相对粗糙度、孔隙率、孔隙分布和迂曲度分形维数以及纤维直径的函数。设式（2-33）的第一项是 K_1^*，第二项是 K_2^*，那么式（2-33）可以表示为：

$$\frac{K_R}{D^2} = K_1^* + K_2^* \tag{2-34（a）}$$

其中：

$$K_1^* = \frac{\pi D_f (1-\varepsilon)^4}{128(3+D_T-D_f)} \left[\frac{4(2-D_f)\phi}{\pi D_f(1-\phi)}\right]^{\frac{1+D_f}{2}} \times \left[\frac{\phi}{1-\phi}\left(\frac{4-D_f}{D_f}\right)^{\frac{1}{4}}\right]^2$$

[2-34（b）]

$$K_2^* = \frac{\psi}{6}\sqrt{\frac{2R_gT}{\pi M}} \frac{\mu\pi D_f(1-\varepsilon)^3}{P(2+D_T-D_f)} \times \left(\frac{4(2-D_f)\phi}{\pi D_f(1-\phi)}\right)^{\frac{1+D_f}{2}} \frac{\phi}{1-\phi} \times \left(\frac{4-D_f}{D_f}\right)^{1/4}\frac{1}{D}$$

[2-34（c）]

式中：K_1^*——无量纲的绝对渗透率；

　　　K_2^*——气体滑移对具有粗糙表面的多孔纤维气体扩散层（GDL）的无量纲气体渗透率的影响。

由式（2-33）可知，相对粗糙度越大，无量纲气体渗透率越低。特别地，当 $\varepsilon=0$ 时，K_1^* 和 K_2^* 将简化为：

$$K_1^* = \frac{\pi D_f}{128(3+D_T-D_f)} \left[\frac{\pi D_f(1-\phi)}{4(2-D_f)\phi}\right]^{\frac{2+D_f}{2}} \times \left[\frac{\phi}{1-\phi}\left(\frac{4-D_f}{D_f}\right)^{\frac{2}{4}}\right]^2$$

[2-35（a）]

$$K_2^* = \frac{n}{6}\sqrt{\frac{2R_gT}{\pi M}} \frac{\mu\pi D_f}{P(2+D_T-D_f)} \times \left[\frac{\pi D_f(1-\phi)}{4(2-D_f)\phi}\right]^{\frac{2+D_f}{2}} \frac{\phi}{1-\phi} \times \left(\frac{4-D_f}{D_f}\right)^{\frac{4}{1}}\frac{1}{D}$$

[2-35（b）]

则式［2-35（a）］表示表面光滑的多孔纤维 GDL 的无量纲绝对渗透率，正是肖波齐等给出的具有光滑毛细管道的多孔纤维 GDL 的无量纲绝对渗透率[44]。

2.3.2　多孔介质结构参数对气体渗透率的影响

在本节中，我们将分析我们的分形渗透率模型与燃料电池质子交换膜（PEMFCs）中多孔纤维（GDL）结构参数（相对粗糙度、孔隙率、孔隙分形维数和弯曲度分形维数）之间的关系。

首先，基于式（2-25）和式（2-26），图 2-5 将分形模型预测的气体渗透率与空气在多孔纤维 GDL 流动的实验数据[46] 进行了对比。孔分形维数由式（1-7）计算，GDL 与气体性质的其他相关结构参数见表 2-2[46,47]，并基于该表格研究了多孔纤维 GDL 其他结构参数对气体渗透率的影响。从图 2-5 可以看出，光滑多孔介质的气体渗透率预测值明显高于实验数据[46]，但粗糙多孔介质的气体渗透率预测值与实验数据吻合较好。换言之，当我们研究这种多孔介质中的气体流动时，应该考虑 GDL 的表面结构。此外，很容易看出，我们的粗糙表面模型的气体渗透率低于光滑表面模型的气体渗透率，这与实际情况一致。因此，我们的分形模型适用于表征多孔纤维 GDL 中气体的流动问题。

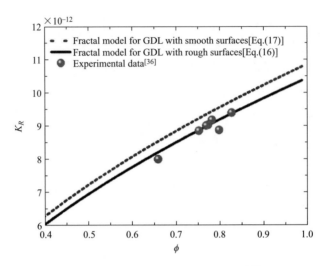

图 2-5　气体渗透率的分形模型与实验数据[46] 的对比

表 2-2　GDL 相关结构参数及气体属性[46,47]

参数	气体扩散层	说明
λ_{max}	8×10^{-5} m	孔径最大值
λ_{min}	3.079×10^{-8} m	孔径最小值
L_0	2.9×10^{-4} m	气体扩散层厚度
D_T	1.1	弯曲度分形维数
μ	1.85×10^{-5} Pa·s	空气黏度
P	1.01325×10^5 Pa	空气压力
T	293K	温度

图 2-6 给出了在不同相对粗糙度下，粗糙多孔纤维 GDL 的无量纲绝对渗透率 {式 [2-34 (b)]} 随孔隙率的变化趋势。我们将无量纲绝对渗透率的预测与已有实验数据[48-52] 进行了比较。结果表明，对于高孔隙度，分形模型与实验数据[48-52] 吻合较好，因此对于多孔纤维材料，应该考虑毛细通道的表面粗糙。此外，孔隙度越大，绝对渗透率越大，这可能是随着孔隙度增大，孔隙空间增大的结果。最后，容易看出，相对粗糙度越大，渗透率越低。这些现象也可看图 2-7。

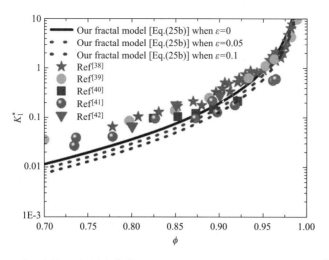

图 2-6　在不同相对粗糙度条件下，分形模型与已有实验数据的对比[48-52]

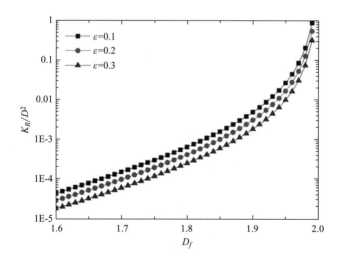

图 2-7　在不同相对粗糙度下，无量纲气体渗透率随孔分形维数的变化趋势

　　根据式（2-33）或式［2-34（a）］，相对粗糙度、孔分形维数、迂曲度分形维数和孔隙率对多孔纤维 GDL 无量纲渗透率的影响如图 2-7 和图 2-8 所示。图 2-7 显示在不同相对粗糙度下，无量纲气体渗透率对孔分形维数的变化趋势。当固定相对粗糙度时，无量纲气体渗透率随孔分形维数的增大而增大，由式（1-7）可知，孔分形维数越大，对应的孔隙率或供气体流动的孔隙空间越大，导致气体渗透率增大。此外，无量纲气体渗透率随着相对粗糙度的增加而降低，因为在一束毛细血管管道中，当相对粗糙度增大时，气体流动阻力增大，导

致气体渗透率降低。

　　图 2-8 给出了在不同孔隙度下无量纲气体渗透率随迁曲度分形维数的变化趋势。无量纲气体渗透率随弯曲度分形维数的增加而降低，这是由于毛细管路径高度弯曲导致的流动阻力增大所致。另外，由于天然气可通过的有效孔隙空间增加，无量纲气体渗透率随着 GDL 孔隙率的增加而增加。在图 2-5 和图 2-6 中也可以观察到类似的趋势。

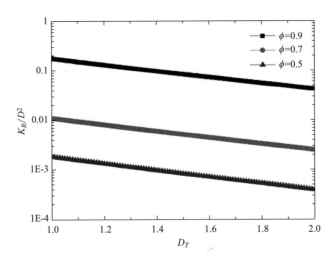

图 2-8　在不同孔隙度下，无量纲气体渗透率随迁曲度分形维数的变化趋势

参考文献

［1］ T. G. Gutowski, Z. Cai, S. Bauer, et al. Consolidation experiments for laminate composites ［J］. Journal of Composite Materials, 1987, 21（7）：650-669.

［2］ Gebart B R. Permeability of unidirectional reinforcements for RTM ［J］. Journal of composite materials, 1992, 26（8）：1100-1133.

［3］ Happel J. Viscous flow relative to arrays of cylinders ［J］. AIChE Journal, 1959, 5（2）：174-177.

［4］ Sparrow E M, Loeffler Jr A L. Longitudinal laminar flow between cylinders arranged in regular array ［J］. AIChE Journal, 1959, 5（3）：325-330.

［5］ A. Tamayol, F. McGregor, M. Bahrami. Single phase through-plane permeability of carbon paper gas diffusion layers ［J］. Journal of Power Sources, 2012, 204：94-99.

［6］ DeValve C, Pitchumani R. An analytical model for the longitudinal permeability of aligned fibrous media ［J］. Composites science and technology, 2012, 72（13）: 1500-1507.

［7］ X. Xiao, X. Zeng, A. Long, et al. An analytical model for through-thickness permeability of woven fabric ［J］. Textile Research Journal, 2012, 82（5）: 492-501.

［8］ G. He, Z. Zhao, P. Ming, et al. A fractal model for predicting permeability and liquid water relative permeability in the gas diffusion layer（GDL）of PEMFCs ［J］. Journal of Power Sources, 2007, 163: 846-852.

［9］ Vasin S I, Sherysheva E E, Filippov A N. Permeability of medium composed of cylindrical fibers with fractal porous adlayer ［J］. Colloid journal, 2011, 73（2）: 167-175.

［10］ J. Cai, L. Luo, R. Ye, et al. Recent advances on fractal modeling of permeability for fibrous porous media ［J］. Fractals, 2015, 23（1）: 1540006.

［11］ C. Zhang, Y. Chen, Z. Deng, et al. Role of rough surface topography on gas slip flow in microchannels ［J］. Physical Review E, 2012, 86: 016319.

［12］ Z. Xu, Q. Wang, S. Yang, et al. Active multi-scale modeling and gas permeability study of porous metal fiber sintered felt for proton exchange membrane fuel cells ［J］. International Journal of Hydrogen Energy, 2016, 41（18）: 7393-7407.

［13］ Chai Z, Guo Z, Zheng L, et al. Lattice Boltzmann simulation of surface roughness effect on gaseous flow in a microchannel ［J］. Journal of Applied Physics, 2008, 104（1）: 014902.

［14］ Chai, Z. H. , Lu, J. H. , Shi, B. C. , et al. Gas slippage effect on the permeability of circular cylinders in a square array ［J］. Int. J. Heat Mass Transf, 2011, 54: 3009-3014.

［15］ Firouzi M, Alnoaimi K, Kovscek A, et al. Klinkenberg effect on predicting and measuring helium permeability in gas shales ［J］. International Journal of Coal Geology, 2014, 123: 62-68.

［16］ Hooman, K. , Tamayol, A. , Dahari, M. , et al. A theoretical model to predict gas permeability for slip flflow through a porous medium ［J］. Appl. Therm. Eng, 2014, 70（1）: 71-76.

［17］ Li, C. H. , Xu, P. , Qiu, S. X. , et al. The gas effective permeability of porous media with Klinkenberg effect ［J］. J. Nat. Gas Sci. Eng, 2016, 34: 534-540.

［18］ Wu, K. L. , Chen, Z. X. , Li, X. F. Real gas transport through nanopores of varying cross-section type and shape in shale gas reservoirs ［J］. Chem. Eng. J. 2015, 281: 813-825.

［19］ Zheng, Q. , Yu, B. M. , Duan, Y. G. , et al. A fractal model for gas slippage factor in porous media in the slip flow regime ［J］. Chem. Eng. Sci. , 2013, 87: 209-215.

［20］ Klinkenberg LJ. The permeability of porous media to liquids and gases. Am. Petrol. Inst ［J］. Drilling and Production Practice, 1941, 2: 200-213.

［21］ Civan, F. . Effective correlation of apparent gas permeability in tight porous media ［J］.

Transp. Porous Media, 2010, 82 (2): 375-384.

[22] Heid, J. G., McMahon, J. J., Nielsen, R. F., et al. Study of the Permeability of Rocks to Homogeneous Fluids [J]. American Petroleum Institute, 1950.

[23] Jones, S. C.. A rapid accurate unsteady-state Klinkenberg permeameter [J]. Soc. Petrol. Eng, 1972.

[24] Jones SC. Using the inertial coefficient, b, to characterize heterogeneity in reservoir rock [J]. InSPE Annual Technical Conference and Exhibition, 1987.

[25] Jones, F. O., Owens, W. W.. A laboratory study of low-permeability gas sands [J]. Soc. Petrol. Eng, 1980.

[26] Sampath, K., Keighin, C. W.. Factors affecting gas slippage in tight sandstones of cretaceous age in the Uinta basin. Soc. Petrol. Eng, 1982.

[27] Tanikawa, W., Shimamoto, T.. Klinkenberg effect for gas permeability and its comparison to water permeability for porous sedimentary rocks [J]. Hydrol. Earth Syst. Sci. Discus, 2006 (3): 1315-1338.

[28] Cao, B. Y.. Non-Maxwell slippage induced by surface roughness for microscale gas flow: a molecular dynamics simulation [J]. Mol. Phys, 2005, 105: 1403-1410.

[29] Cao, B. Y., Chen, M., Guo, Z. Y.. Effect of surface roughness on gas flow in microchannels by molecular dynamics simulation [J]. Int. J. Eng. Sci, 2006, 44: 927-937.

[30] Croce, G., D' Agaro, P.. Compressibility and rarefaction effect on heat transfer in rough microchannels [J]. Int. J. Therm. Sci, 2009, 48 (2): 252-260.

[31] Liu, C. F., Ni, Y. S.. The fractal roughness effect of micro Poiseuille flows using the Lattice Boltzmann method [J]. Int. J. Eng. Sci, 2009, 47 (5-6): 660-668.

[32] Sayles, R. S., Thomas, T. R.. Surface topography as a nonstationary random process [J]. Nature (London), 1978: 431-434.

[33] Wang, M. R., Kang, Q. J.. Electrokinetic transport in microchannels with random roughness [J]. Anal. Chem, 2009, 81: 2953-2961.

[34] B. B. Mandelbrot. The Fractal Geometry of Nature [M]. New York: Freeman, 1983.

[35] Beskok, A., Karniadakis, G. E.. A model for flows in channels, pipes, and ducts at micro and nano scales [J]. Microsc. Thermophys. Eng, 1999, 3: 43-77.

[36] Loeb, L. B.. The Kinetic Theory of Gases [M]. 2Ed. New York: McGraw-hill Co. Inc. 2004.

[37] Yu, B. M., Cheng, P.. A fractal permeability model for bi-dispersed porous media [J]. Int. J. Heat Mass Transf, 2002, 45: 2983-2993.

[38] Yang S, Liang M, Yu B, et al. Permeability model for fractal porous media with rough surfaces [J]. Microfluidics and Nanofluidics, 2015, 18 (5): 1085-1093.

[39] Cai, J. C., Yu, B. M.. Prediction of maximum pore size of porous media based on fractal ge-

ometry [J]. Fractals, 2010, 18 (4): 417-423.

[40] Xu P, Yu B. Developing a new form of permeability and Kozeny-Carman constant for homogeneous porous media by means of fractal geometry [J]. Advances in water resources, 2008, 31 (1): 74-81.

[41] D. E. Xue, H. X. Wang, C. S. Zhang, et al. Permeation Physics in Porous Media [M]. Beijing: Petroleum Industry Publishing Company, 1982.

[42] T. M. Harms, M. J. Kazmierczak, F. M. Gerner, Developing convective heat transfer in deep rectangular microchannels [J]. Int. J. Heat Fluid Flow, 1999, 20: 149-157.

[43] M. M. Tomadakis, T. J. Robertson, Pore size distribution, survival probability, and relaxation time in random and ordered arrays of fibers [J]. J. Chem. Phys, 2003, 119: 1741-1749.

[44] Xiao B, Fan J, Ding F. A fractal analytical model for the permeabilities of fibrous gas diffusion layer in proton exchange membrane fuel cells [J]. Electrochimica Acta, 2014, 134: 222-231.

[45] B. M. Yu, L. J. Lee, H. Q. Cao, Fractal characters of pore microstructures of textile fabrics [J]. Fractals , 2001, 9: 155-163.

[46] J. T. Gostick, M. W. Fowler, M. D. Pritzker, et al. In-plane and through-plane gas permeability of carbon fifiber electrode backing layers [J]. J. Power Sources, 2006, 162: 228-238.

[47] P. Xu, S. X. Qiu, J. C. Cai, et al. A novel analytical solution for gas diffusion in multiscale fuel cell porous media [J]. J. Power Sources, 2017, 362: 73-79.

[48] C. N. Davies, The separation of airborne dust and particle [J]. Proc. Inst. Mech. Eng. B Manage. Eng. Manuf. , 1953, 1 (1-12): 185-213.

[49] A. A. Kirsch, N. A. Fuchs, Studies on fibrous aerosol filters, II. Pressure drops in systems of parallel cylinders, Ann [J]. Occup. Hyg. , 1967, 10: 23-30.

[50] Molnar JA, Trevino L, Lee LJ. Liquid flow in molds with prelocated fiber mats [J]. Polymer Composites, 1989, 10 (6): 414-423.

[51] Zobel S, Maze B, Tafreshi HV, et al. Simulating permeability of 3-D calendered fibrous structures [J]. Chemical Engineering Science, 2007, 62 (22): 6285-6296.

[52] Tamayol A, Bahrami M. Transverse permeability of fibrous porous media [J]. Physical Review E, 2011, 83 (4): 046314.

第3章　多孔介质中单组分气体
扩散系数的分形分析

3.1　引言

前面重点讨论了多孔介质气体渗透率的模型构建，本章我们将介绍多孔介质的另一个重要的传质特性参数，即气体的扩散系数。当多孔介质的孔隙或孔隙通道尺寸较小时，气体扩散在质量传输中占主导作用，其输运特性强烈依赖于介质的微观结构参数，比如孔隙度、孔隙或孔道的形貌、迂曲度、孔隙通道的排列方式等，以及气体属性。气体扩散一般包含三种扩散机制，即体扩散、努森扩散和表面扩散。究竟哪种或哪几种扩散机制起主导作用，需要计算努森数或多孔介质孔隙尺寸。通常，实验测量和数值模拟很难反应多孔介质结构参数对气体扩散行为的具体影响，于是众多研究人员关注于获得多孔介质中气体有效扩散系数的经验关系式或近似解析模型[1-4]。这些模型包含经验常数或若干拟合参数，当合理应用，可以揭示在特定条件下气体扩散的机制，但不能揭示经验常数和拟合参数背后详细的物理机理，不能用于研究多孔介质结构参数对气体扩散的影响，所以，迫切需要建立一个能够体现多孔介质微观结构信息的气体扩散系数理论模型。

多孔介质微观结构相当复杂，建立气体扩散的解析模型是很困难的。当研究的多孔介质的特征长度不同于实际多孔系统的特征长度时，我们可以寻求一个等价或代表性的模型来表征看似复杂的宏观介质[5]。如果多孔介质具有这个特征，分形几何理论可用于预测多孔介质中的气体有效扩散系数。Shen 和 Chen[6] 建立了一个分形模型来研究干性多孔建筑材料中 Voc 扩散输运的传质特性。Zheng 等[7-10] 分别采用了一束弯曲的毛细血管、单一分形树形网络和随机分布的树形网络来表征复杂的多孔介质，并研究了这些分形多孔模型中的气体输运行为。此外，还结合分形理论和蒙特卡罗方法研究了气体的输运机理。Wu 等[11] 提出了一种新的分形模型来确定干、湿条件下质子交换膜燃料电池中多孔气体扩散层的氧扩散系数。Shou 等[12] 基于经典分形理论量化了纳米青铜和微纤维材料中的气体扩散行为，并分析了孔隙率、纤维半径和孔隙尺寸对扩散系数的影响。Liu 等[13] 基于传质和分形理论构建了多级串联连接分形毛细管束模型，以预测挥发性有机化合物在多孔建筑材料中的扩散系数。Xiao 等[14,15] 基于分形理论推导出了多孔纳米纤维气体扩散系数的解析模型。Wang 等[16] 结合收敛发散孔和毛细血管弯曲特性以及 Knudsen 扩散的影响，基于分形理论和菲克定律建立了干孔模型中气体扩散的扩散系数模型。Xu 等[17] 基于分子扩散和努森扩散，提出了燃料电池多孔介质中气体扩散的多尺度分形模型，其中分子扩散和克努森扩散机制共存。在上述模型中，均假设多孔介质孔隙或孔隙通道的壁面是光滑的。

基于分形几何理论，目前关于孔隙或孔隙通道壁面的粗糙度对气体扩散特性影响的研究较少。荷兰代尔夫特理工大学 Malek 和 Coppens[18,19] 采用蒙特卡罗方法和理论分析，探讨了孔隙或孔隙通道壁面粗糙度对纳米多孔介质中扩散行为的影响。由于是数值模拟，他们的研究并不能揭示多孔介质结构参数，特别是粗糙度对扩散的具体影响机理。因此，本章系统探索微纳多孔介质内部孔隙或毛细管道微观结构，特别是粗糙表面等结构参数，对气体扩散作用的详细规律，构建宏观气体扩散系数与多孔介质微观结构的定量解析模型。第 3.2 节和第 3.3 节主要介绍粗糙毛细管束模型中气体扩散系数的分形模型，第 3.3 节和第 3.4 节主要介绍复杂类分形树状分叉网络中气体扩散系数的分形模型。

3.2　粗糙毛细管束模型中气体扩散系数的分形模型

本节我们将基于分形几何理论分析粗糙表面多孔介质中的气体扩散行为，并研究多孔介质的表面粗糙度等微观结构参数对气体扩散的影响机理。

3.2.1　气体扩散系数的分形模型

我们假设多孔介质是由一束毛细管道构成，且内部的孔隙尺寸和表面粗糙度均满足分形分布，因此第一章介绍的粗糙毛细管束多孔介质基本公式是本节气体扩散系数分形模型推导的理论基础，详细公式请参见第 1 章 1.1 节。

对于单根孔道/毛细管道而言，气体扩散主要包括三种扩散机制：体扩散、努森扩散和表面扩散。如果多孔介质的吸附现象不显著，那么可以忽略表面扩散的影响。为了简化研究，我们暂不考虑表面扩散，仅考虑体扩散或努森扩散。

对于微纳多孔介质中的气体扩散，需同时考虑体扩散和努森扩散，气体扩散系数 D_C 可以表示为:[4,20]

$$D_C = D_b \left(1 - e^{-\frac{\lambda}{l}} \right) \tag{3-1}$$

式中: D_b——体扩散系数;

   λ——多孔介质的孔隙直径;

   l——气体分子平均自由程。

当 $\lambda \ll 1$，即孔隙直径远小于气体分子平均自由径，式（3-1）近似为努森扩散系数 $D_K = D_b \lambda / l$（因为 $e^{-\frac{\lambda}{l}} \approx 1 - \lambda/l$）；当 $\lambda \geqslant l$ 时，即孔隙直径远大于气体分子平均自由程，式（3-1）近似为体扩散系数 D_b（因为 $e^{-\frac{\lambda}{l}} \rightarrow 0$）。

通常多孔介质中的孔隙/毛细管道非常弯曲，式（3-1）不再适合用于弯曲的毛细管道，因此弯曲的毛细管道中气体扩散系数应修正为:[21,22]

$$D_{ct} = D_c / \tau^2 \tag{3-2}$$

根据著名的菲克定律，气体通过单根弯曲毛细管道的气体流量可以表示为:

$$q(\lambda) = A(\lambda) D_{ct} \frac{\Delta C}{L(\lambda)} = \frac{\pi}{4} D_{ct} \frac{\Delta C}{L(\lambda)} \lambda^2 \tag{3-3}$$

式中: $A(\lambda) = \dfrac{\pi}{4} \lambda^2$——孔隙面积;

   ΔC——浓度降;

   $L(\lambda)$——弯曲毛细管道的实际长度，可以由式（1-9）确定。

特别地，如果毛细管道的表面是粗糙的，那么毛细管道中气体扩散的直径就会减小。因此，式（3-3）将进一步修订为:

$$\begin{aligned} q_r(\lambda) &= \frac{\pi}{4} D_{ct} \frac{\Delta C}{L(\lambda)} (\lambda - 2\bar{h}_\lambda)^2 \\ &= \frac{\pi}{4} D_{ct} \frac{\Delta C}{L(\lambda)} \lambda^2 (1 - \varepsilon)^2 \end{aligned} \tag{3-4}$$

式中: $\bar{h}_\lambda$——粗糙元的平均高度;

   ε——相对粗糙度。

从式（3-4）可以看出，如果毛细管道的浓度差保持不变，毛细管道的表面粗糙度会降低气体流量。当 $\varepsilon = 0$，式（3-4）可简化为式（3-3），这正是光滑毛细管道中的气体流量。公式显示气体流量随相对粗糙度的增加而减小。当 $\varepsilon = 1$ 时，即平均粗糙高度等于孔隙半径，理论上气体流量应为零，与实际情况符合。

通过对 $q_r(\lambda)$ 从最小直径 λ_{min} 到最大直径 λ_{max} 进行积分，即可获得整个多孔介质中气体扩散的总流量，如下所示：

$$Q_r = -\int_{\lambda_{min}}^{\lambda_{max}} q_r(\lambda)\,\mathrm{d}N \tag{3-5}$$

将式（1-8）和式（3-4）直接代入式（3-5）可得：

$$Q_r = D_b \frac{\pi D_f \lambda_{max}^{D_f}(1-\varepsilon)^2 \Delta C}{4L_0^{3D_T-2}} \times \left[\frac{\lambda_{max}^{3D_T-D_f-1} - \lambda_{min}^{3D_T-D_f-1}}{3D_T - D_f - 1} - \int_{\lambda_{min}}^{\lambda_{max}} \lambda^{3D_T-D_f-2} e^{-\frac{\lambda}{l}}\,\mathrm{d}\lambda \right]$$

$$\tag{3-6}$$

根据菲克定律，通过上述横截面面积 A 的总气体流量定义为：

$$Q(\lambda) = A D_e \frac{\Delta C}{L_0} \tag{3-7}$$

式中：$A = L_0^2$——横截面面积。

将式（3-6）代入式（3-7），具有粗糙表面多孔介质中气体有效扩散系数可表示为：

$$\frac{D_e}{D_b} = \frac{\pi D_f \lambda_{max}^{D_f}(1-\varepsilon)^2}{4L_0^{3D_T-1}} \times \left[\frac{\lambda_{max}^{3D_T-D_f-1} - \lambda_{min}^{3D_T-D_f-1}}{3D_T - D_f - 1} - \int_{\lambda_{min}}^{\lambda_{max}} \lambda^{3D_T-D_f-2} e^{-\frac{\lambda}{l}}\,\mathrm{d}\lambda \right] \tag{3-8}$$

式（3-8）表明，归一化的气体有效扩散系数是多孔介质的结构参数，比如：相对粗糙度 ε、分形维数 D_f 和 D_T 以及结构参数 L_0、λ_{max} 的函数。式（3-8）也表明，相对粗糙度越高，归一化气体扩散系数越低，这是因为在多孔介质中，气体扩散阻力随着粗糙度的增加而增加，与实际情况吻合。

如果假设在多孔介质中所有的毛细管道都是光滑的，即 $\varepsilon = 0$，式（3-8）可以简化为：

$$\frac{D_e}{D_b} = \frac{\pi D_f \lambda_{max}^{D_f}}{4L_0^{3D_T-1}} \times \left[\frac{\lambda_{max}^{3D_T-D_f-1} - \lambda_{min}^{3D_T-D_f-1}}{3D_T - D_f - 1} - \int_{\lambda_{min}}^{\lambda_{max}} \lambda^{3D_T-D_f-2} e^{-\frac{\lambda}{l}}\,\mathrm{d}\lambda \right] \tag{3-9}$$

式（3-9）正是 Xiao 等[15] 给出的具有光滑毛细通道的多孔纳米纤维归一化气体扩散系数的分形模型。

3.2.2　多孔介质结构参数对气体扩散系数的影响

首先，我们研究了在不同比值 $\beta = \dfrac{d_{min}}{d_{max}}$ 下相对粗糙度 ε 随面积比 φ 的变化趋势，具体模型参见式（1-5）。根据文献调研，Pfund et al.[23] 报道的粗糙度最大高度与孔径的比值范围为 $0.018 \sim 0.114$，Li[24] 给出的范围为 $0.12 \sim 0.17$，因此

我们假设 $\dfrac{2(\lambda_{max})_{\lambda_{min}}}{\lambda_{min}} = 0.1$。如图 3-1 所示，在给定比值 β 下，相对粗糙度 ε 随着面积比 φ 的增加而增大，这是由于面积比的增加，粗糙度的平均高度会变大，导致相对粗糙度变高。此外还发现，当固定面积比 φ，比值 β 越大，相对粗糙度 ε 就越高。

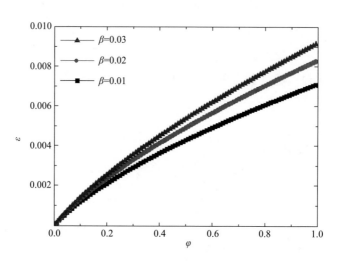

图 3-1　在不同比值 β 下，相对粗糙度 ε 随面积比 φ 的变化趋势

接下来，我们将基于式（3-8）给出的气体扩散系数的分形模型，分析多孔介质的结构参数对有效扩散系数的影响机理，详细分析结果见图 3-2~图 3-4。

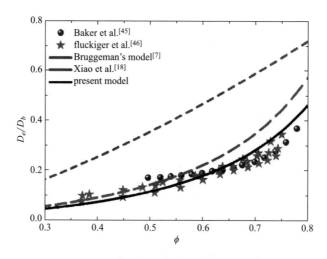

图 3-2　分形模型与实验数据和关系式的比较

为了验证分形模型的有效性，我们将预测的气体有效扩散系数与实验数据[25,26] 和关系式[15,27] 进行了比较，具体结果参见图 3-2。详细结构参数均来自实验结果[28]，详见表 3-1。从图 3-2 可以看出，与 Bruggeman 模型[27] 和 Xiao 等[15] 的模型对比发现，本分形模型预测的气体有效扩散系数与实验结果吻合较好。

表 3-1　模型参数和样本属性[28]

Structural Parameters	Value	Description
λ_{max}	8×10^{-5} m	The maximum pore diameter
λ_{min}	3.079×10^{-8} m	The minimum pore diameter
L_0	1×10^{-4} m	The thickness of sample
l	1.18×10^{-7} m	The molecular mean free path

图 3-3 显示了当迁曲度分形维数为 1.1 时，相对粗糙度和孔分形维数对气体相对扩散系数的影响。从图 3-3 可知，毛细管道壁面的粗糙度对多孔介质气体扩散行为有显著影响，随着相对粗糙度的增加，气体有效扩散系数显著降低，这应该归因于气体扩散阻力的增加，因此研究多孔介质气体扩散过程时，不能忽视毛细管道的粗糙度。此外，气体有效扩散系数随着孔分形维数的增加而增加，因为孔分形维数的增加意味着孔隙空间的增加，从而导致气体扩散系数的增加。

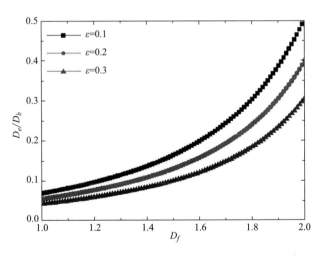

图 3-3　在不同相对粗糙度下，气体相对扩散系数随孔分形维数的变化趋势

图 3-4 展示了在不同孔分形维数下，气体相对扩散系数与迁曲度分形维数的关系。结果表明，气体有效扩散系数随迁曲度分形维数的增加而减小，这是由于

在路径更曲折的毛细管道中具有较高的气体扩散阻力。此外，孔分形维数越大，气体的相对扩散系数就越大。类似的现象也可以在图 3-3 中看到。

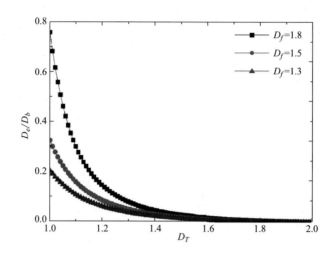

图 3-4　在不同孔分形维数下，气体相对扩散系数随迁曲度分形维数的变化趋势

3.3　粗糙类分形树状分叉网络中气体扩散系数的分形模型

　　3.2 节我们专门介绍了粗糙毛细管束模型中气体扩散系数的理论模型的构建，其中多孔介质中毛细管道没有连接，但对于很多天然或工程用多孔介质，毛细管道存在相互作用和连接，比如受精黄血管网络[29]、脑肿瘤周围组织[30]、肺呼吸树[31]、电子设备冷却通道[32] 和仿生微纳米纤维膜[33]，因此 3.3 节和 3.4 节我们将重点介绍类分形树状分叉网路中气体扩散系数的分形模型的构建。本节主要介绍粗糙单根类分形树状分叉网络模型中气体扩散系数的理论模型，关于光滑情况下的分形模型可以参考我们前期的研究工作。

3.3.1　粗糙类分形树状分叉网络模型的表征

　　对于双孔隙多孔介质，高渗透的裂缝网络是气体输运的主要途径，低渗透的多孔基质是储存系统[9]，因此，本节讨论会忽略基质介质对气体扩散的贡献。为了简化研究，我们定义多孔介质为基质介质嵌入单根类分形树状分叉网络的模型，且该树状分叉网络表面是粗糙的，具体模型如图 3-5 所示[8,34]。

在图 3-5 中，我们做了如下假设：嵌入基质多孔介质中的"点对线" Y 型类分形树状分叉网络的总层数为 m；每个分支在下一层可以划分为 N 个小分支（图 3-5 中的 $N=2$）；具有相同的长度比和直径比；在同一层的所有通道具有相同的长度和直径。基于上述假设，长度比 γ 和直径比 β 分别定义为：[8,34]

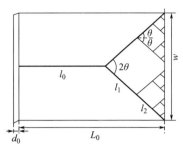

图 3-5　基质介质嵌入单根类分形
树状分叉网络的模型[8,34]

$$\gamma = \frac{l_k}{l_{k-1}}; \quad \beta = d_k / d_{k-1} \quad (k = 1, 2, \cdots, m)$$

$$(3-10)$$

式中：l_k——第 k 级分支的长度；

　　　d_k——第 k 级分支的直径。

一般，假设两个尺度因子 γ 和 β 都小于 1，它们的值通常在 $2^{-1} \sim 2^{-1/3}$ [35]。

于是，可得：

$$l_k = l_0 \gamma^k; \quad d_k = d_0 \beta^k \quad (k = 1, 2, \cdots, m)$$

$$(3-11)$$

式中：l_0——第 0 级分支或母管的长度；

　　　d_0——第 0 级分支或母管的直径。

根据式（3-11），容易获得图 3-5 所示多孔介质的宏观变量，比如直线长度或沿浓度梯度方向上树状网络的特征长度 L_0，树状网络的实际长度 L_t 和多孔介质的宽度 w，具体表达式如下：[8,34]

$$L_0 = l_0 + \sum_{k=1}^{k=m} l_k \cos\theta = l_0 \left[1 + \frac{\gamma(1 - \gamma^m)}{1 - \gamma} \cos\theta \right]$$

$$(3-12)$$

$$L_t = \sum_{k=0}^{k=m} l_k = l_0 \frac{1 - \gamma^{m+1}}{1 - \gamma}$$

$$(3-13)$$

$$w = \sum_{k=1}^{k=m} 2l_k \sin\theta = 2l_0 \sin\theta \frac{\gamma - \gamma^{m+1}}{1 - \gamma}$$

$$(3-14)$$

式中：θ——类分形树状分叉网络的分叉角。

从微观的角度来看，大多数天然或人造的表面都是粗糙的，当然包括树状分叉网络的表面，本节将直接采用杨珊珊等[35-37] 利用分形理论建立的粗糙元模型来刻画树状分叉网络，具体公式参见第 1 章 1.1 节。

3.3.2　单根网路中气体扩散系数的分形模型

根据菲克定律，气体通过多孔介质的扩散流量可以由式（3-15）[38] 来确定：

$$Q = \frac{A D_{\text{eff}} \Delta C}{L} \tag{3-15}$$

式中：A——多孔介质的横截面积；

D_{eff}——有效气体扩散系数；

ΔC——多孔介质两端的浓度差；

L——沿气体扩散方向的特征长度。

类分形树状分叉网络的第 k 级单根光滑通道中气体扩散流量可以写为：

$$q_{s,k} = \pi \left(\frac{d_k}{2}\right)^2 D \frac{\Delta C_{s,k}}{l_{s,k}} \tag{3-16}$$

式中：$\Delta C_{s,k}$——第 k 级分支的浓度差；

$l_{s,k}$——第 k 级分支的管道长度；

D——气体扩散系数。

气体扩散系数可以用 Bosanquet 公式计算：[39]

$$D = \left(\frac{1}{D_b} + \frac{1}{D_k}\right)^{-1} \tag{3-17}$$

式中：D_b——体扩散系数；

D_k——努森扩散系数，可表示为 $D_k = \frac{2\sqrt{2} d_k}{3} \sqrt{\frac{k_B T}{\pi M}}$，其中 k_B 为玻尔兹曼常

数，T 为温度，M 为气体分子质量。

将式（3-17）代入式（3-16），在第 k 级单根光滑管道气体扩散流量可以表示为：

$$q_{s,k} = \pi \left(\frac{d_k}{2}\right)^2 \left(\frac{1}{D_b} + \frac{1}{D_k}\right)^{-1} \frac{\Delta C_{s,k}}{l_{s,k}} \tag{3-18}$$

当通道壁面为粗糙时，式（3-18）不再适用，第 k 级单根粗糙管道气体扩散流量可修订为：

$$q_{r,k} = \pi \left(\frac{d_k - 2\overline{h_k}}{2}\right)^2 \left(\frac{1}{D_b} + \frac{1}{D_k}\right)^{-1} \frac{\Delta C_{r,k}}{l_{r,k}} \tag{3-19}$$

式中：$\Delta C_{r,k}$——第 k 级粗糙分支浓度差；

$l_{r,k}$——第 k 级粗糙管道长度；

$\overline{h_k}$——第 k 级粗糙分支的平均粗糙高度，可由式（1-4）确定。

式（3-19）揭示了粗糙壁面对单根管道中气体扩散的影响，当浓度差保持不变时，粗糙度会减小气体流量；相反，当气体流量保持不变时，由于粗糙度效应，浓度差会增大。

我们假设粗糙管道和光滑管道的浓度差和长度相等,即 $\Delta C_{s,k} = \Delta C_{r,k} = \Delta C_k$,$l_{r,k} = l_{s,k} = l_k$。式(3-19)可改写为:

$$
\begin{aligned}
q_{r,k} &= (1 - \varepsilon)^2 q_{s,k} \\
&= (1 - \varepsilon)^2 \pi \left(\frac{d_k}{2}\right)^2 \left(\frac{1}{D_b} + \frac{1}{D_k}\right)^{-1} \frac{\Delta C_k}{l_k}
\end{aligned}
\tag{3-20}
$$

很容易看出,第 k 级粗糙管道的气体流量降低了。

基于式(3-20),将所有粗糙管道的气体流量相加,可得第 k 级分支的总气体流量。

$$
\begin{aligned}
Q_{r,t} &= N^k q_{r,k} \\
&= \frac{\pi N^k d_k^2}{4}(1 - \varepsilon)^2 \left(\frac{1}{D_b} + \frac{1}{D_k}\right)^{-1} \frac{\Delta C_k}{l_k}
\end{aligned}
\tag{3-21}
$$

根据质量守恒定律,式(3-21)确定的气体流量也是类分形树状网络的气体流量。因为本节我们没有考虑基质介质的贡献,所以它也是整个多孔介质,即基质介质嵌入单根类分形树状分叉网络的气体流量。

然后,通过式(3-21)可以获得多孔介质两端的总浓度差。

$$
\begin{aligned}
\Delta C &= \sum_{k=0}^{m} \Delta C_k \\
&= \sum_{k=0}^{m} \frac{4 Q_{r,t} l_k}{(1 - \varepsilon)^2 \pi N^k d_k^2} \left(\frac{1}{D_b} + \frac{1}{D_k}\right)
\end{aligned}
\tag{3-22}
$$

将式(3-11)和式(3-17)直接代入上式,多孔介质的总浓度差可以变形为:

$$
\Delta C = \frac{Q_{r,t}}{(1 - \varepsilon)^2} \left[\frac{4 l_0}{\pi d_0^2 D_b} \frac{1 - \left(\frac{\gamma}{N \beta^2}\right)^{m+1}}{1 - \frac{\gamma}{N \beta^2}} + \frac{6 l_0}{\sqrt{2\pi} d_0^3} \sqrt{\frac{M}{k_B T}} \frac{1 - \left(\frac{\gamma}{N \beta^3}\right)^{m+1}}{1 - \frac{\gamma}{N \beta^3}} \right]
\tag{3-23}
$$

根据菲克定律,可以求解整个多孔介质气体有效扩散系数的解析表达式为:

$$
D_{\text{eff}_t} = Q_{r,t} L_0 / A_t \Delta C
\tag{3-24}
$$

式中: A_t——多孔介质的总截面积,可以用 $A_t = w d_0$ 计算。

基于公式(3-12)、式(3-14)、式(3-23)、式(3-24),整个多孔介质的气体有效扩散系数可以进一步表示为:

$$D_{\text{eff}_t} = \frac{(1-\varepsilon)^2\left[1-\gamma+\gamma(1-\gamma^m)\cos\theta\right]}{4(\gamma-\gamma^{m+1})\sin\theta\left[\dfrac{2l_0}{\pi d_0 D_b}\dfrac{1-\left(\dfrac{\gamma}{N\beta^2}\right)^{m+1}}{1-\dfrac{\gamma}{N\beta^2}}\dfrac{3l_0}{\sqrt{2}d_0^2}\sqrt{\dfrac{M}{\pi k_B T}}\dfrac{1-\left(\dfrac{\gamma}{N\beta^3}\right)^{m+1}}{1-\dfrac{\gamma}{N\beta^3}}\right]}$$

$$(3-25)$$

式（3-25）表明整个多孔介质的气体有效扩散系数降低了 $(1-\varepsilon)^2$ 倍。

一般地，无量纲气体扩散系数定义为气体有效扩散系数与体扩散系数的比值，即为：

$$D_{\text{eff}_t}^* = \frac{D_{\text{eff}_t}}{D_b} \tag{3-26}$$

然后将式（3-25）代入式（3-26），我们可以获得基质介质嵌入具有粗糙表面的类分形树状分叉网络的多孔介质中无量纲气体扩散系数的理论模型。

$$D_{\text{eff}_t}^* = \frac{(1-\varepsilon)^2\left[1-\gamma+\gamma(1-\gamma^m)\cos\theta\right]}{4(\gamma-\gamma^{m+1})\sin\theta\left[\dfrac{2l_0}{\pi d_0}\dfrac{1-\left(\dfrac{\gamma}{N\beta^2}\right)^{m+1}}{1-\dfrac{\gamma}{N\beta^2}}+\dfrac{3l_0 D_b}{\sqrt{2}d_0^2}\sqrt{\dfrac{M}{\pi k_B T}}\dfrac{1-\left(\dfrac{\gamma}{N\beta^3}\right)^{m+1}}{1-\dfrac{\gamma}{N\beta^3}}\right]}$$

$$(3-27)$$

值得注意的是，在上述公式中我们并没有考虑类分形树状分叉网络的连接节点上的局部损失，实际上树状分叉网络中气体扩散的弯曲度比几何弯曲度更曲折。因此根据 Xu 等[34] 和 Zheng 等[8] 的工作，多孔介质中的无量纲气体扩散系数可以进一步修正为：

$$D_{\text{eff}_{tt}}^* = \frac{D_{\text{eff}_t}^*}{\tau^2} \tag{3-28}$$

式中：τ——弯曲度，可以用 $\tau = L_t/L_0$ 计算。

将式（3-12）、式（3-13）和式（3-27）代入式（3-28），多孔介质中无量纲气体扩散系数可以表示为：

$$D_{\text{eff}_{tt}}^* = \frac{(1-\varepsilon)^2\left[1-\gamma+\gamma(1-\gamma^m)\cos\theta\right]^3}{4(\gamma-\gamma^{m+1})(1-\gamma^{m+1})^2} \times$$

$$\sin\theta\left[\dfrac{2l_0}{\pi d_0}\dfrac{1-\left(\dfrac{\gamma}{N\beta^2}\right)^{m+1}}{1-\dfrac{\gamma}{N\beta^2}}+\dfrac{3l_0 D_b}{\sqrt{2}d_0^2}\sqrt{\dfrac{M}{\pi k_B T}}\dfrac{1-\left(\dfrac{\gamma}{N\beta^3}\right)^{m+1}}{1-\dfrac{\gamma}{N\beta^3}}\right] \tag{3-29}$$

无量纲气体扩散系数不仅考虑了粗糙表面形貌对气体扩散的影响，而且研究了多孔介质其他结构参数的影响，如分叉级数、分叉角、长度比、直径比等。此外，我们很容易发现，类分形树状分叉网络的壁面相对粗糙度越大，多孔介质无量纲气体扩散系数就越小。这是由于在更粗糙的通道中气体输运阻力的增加，这与实际情况是一致的。

当 $\varepsilon = 0$ 时，即类分形树状分叉网络的壁面光滑时，式（3-29）可变形为：

$$D_{\text{eff}_{tt}}^{*} = \frac{\left[1 - \gamma + \gamma (1 - \gamma^{m}) \cos\theta \right]^{3}}{4(\gamma - \gamma^{m+1})(1 - \gamma^{m+1})^{2}} \times$$

$$\sin\theta \left[\frac{2l_0}{\pi d_0} \frac{1 - \left(\frac{\gamma}{N\beta^2} \right)^{m+1}}{1 - \frac{\gamma}{N\beta^2}} + \frac{3l_0 D_b}{\sqrt{2}\, d_0^2} \sqrt{\frac{M}{\pi k_B T}} \frac{1 - \left(\frac{\gamma}{N\beta^3} \right)^{m+1}}{1 - \frac{\gamma}{N\beta^3}} \right]$$

$$(3-30)$$

式（3-30）正是 Zheng 等[8] 给出的基质介质嵌入光滑类分形树状分叉网络中无量纲气体扩散系数的分形模型。

当 $\varepsilon = 1$ 时，类分形树状分叉网络的管道壁面非常粗糙，气体无法通过该网络，此时气体扩散通量可以近似地视为零，式（3-29）也显示该情况下气体扩散系数为零。

3.3.3　多孔介质结构参数对气体扩散系数的影响

因为粗糙管道中气体扩散行为完全不同于光滑管道中气体扩散行为，所以粗糙度对基质介质嵌入单根类分形树状网络中气体输运有重要作用。

图 3-6 比较了无量纲气体扩散系数的分形模型与实验数据[40] 和经验公式[2,3] 的对比。实验测量的样品气体是氧气，但未给出多孔介质的相关结构信息，在理论模型的预测中，我们设置了结构参数的值，以确保气体扩散由体扩散和努森扩散控制（例如 $d_0 = 1 \times 10^{-6}$ m，$l_0 = 10 \times 10^{-6}$ m，$n = 2$，$\beta = 0.79$，$m = 10$，$\theta = \pi/3$，$\varepsilon = 0.1$）。从图中看出，Nam 和 Kaviany[2] 的预测高估了实验数据，而 Das 等[3] 低估了实验数据。显然，与经验模型相比，我们的模型预测更符合实验结果。我们的模型可以反映结构参数对气体扩散的影响，所有参数都具有明确的意义，比经验模型可以揭示更多的物理机制。此外，我们发现气体扩散系数随孔隙率的增加而增大，这可能是由于气体扩散孔隙空间增加所致。

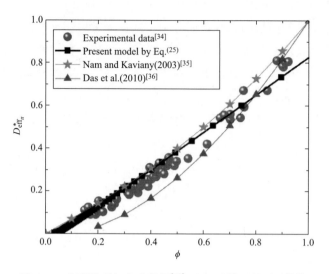

图 3-6　分形模型与实验数据[40]　和经验模型的对比[2,3]

　　图 3-7 显示了相对粗糙度对无量纲气体扩散系数的影响。$\varepsilon = 0$ 反映了类分形树状分叉网络的壁面是光滑的。相对粗糙度越大，无量纲气体扩散系数越低，这意味着气体与多孔介质的壁面碰撞更频繁，相对粗糙度越高，气体输运阻力就越大。因此，粗糙表面对气体扩散的作用是非常明显的，应该在微纳多孔介质中考虑粗糙度效应。由图 3-7 可知，在较大的直径比下，气体输运空间增加，无量纲气体扩散系数增大。

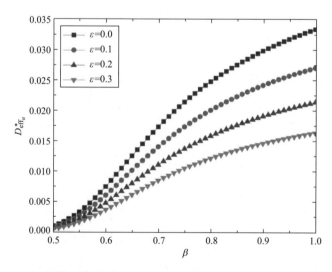

图 3-7　在不同相对粗糙度下，无量纲气体扩散系数随直径比的变化趋势

下面还分析了多孔介质其他结构参数对气体扩散行为的影响。图 3-8 显示了在不同直径比下，无量纲气体扩散系数随长度比的变化趋势。由图可见，无量纲气体扩散系数与长度比成反比，与直径比成正比。长度比越大，气体扩散路径越长，气体扩散系数就越减小，而直径比越大，气体扩散空间就越大，气体扩散系数就越大。这种类似的变化趋势也可以在图 3-7 中发现。

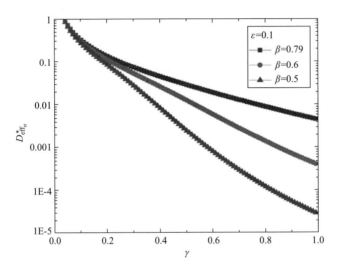

图 3-8　在不同直径比下，无量纲气体扩散系数随长度比的变化趋势

图 3-9 显示在不同分叉角下，无量纲气体扩散系数随分叉级数的变化趋势。当分叉角固定时，无量纲气体扩散系数随分叉级数的增大而减小，导致分叉级数

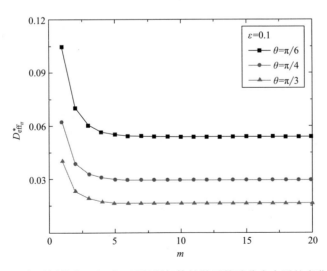

图 3-9　在不同的分叉角下，无量纲气体扩散系数随分支水平的变化趋势

越高，阻力越大。当分叉级数固定时，分叉角越大，无量纲气体扩散系数越低。这是意料之中的，因为分叉角越大，阻力越大，扩散系数越低。

图 3-10 显示了不同直径比和长度比下的无量纲气体扩散系数随分叉角的变化。从图 3-10 中可以清楚地看出，分叉角对气体扩散有显著影响，无量纲气体扩散系数随着分叉角的增加而减小，如图 3-9 所示。此外，其他结构参数（如直径比和长度比）对气体扩散的影响分别如图 3-7 和图 3-8 所示。

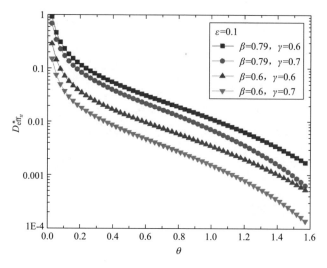

图 3-10　在不同直径比和长度比下，无量纲气体扩散系数随分叉角的变化

3.4　随机分布的类分形树状分叉网络中气体扩散系数的分形模型

3.3 节研究的对象是单根类分形树状分叉网络，本节我们将介绍更复杂的裂缝性多孔介质模型，即基质介质嵌入随机分布的类分形树状分叉网络，并讨论其内部气体扩散的输运机理。

3.4.1　随机分布的类分形树状分叉网络模型的分形表征

描述裂缝多孔介质，双孔隙介质［图 3-11（a）］是首选的描述模型[36,37]，同 3.3 节类似，我们不考虑基质介质中的气体扩散行为，只研究裂缝网络中气体的输运过程。为了表征图 3-11（a）所示实际多孔介质中随机和无序裂缝，我们假设裂缝多孔介质由一束裂缝组成，裂缝的母管直径遵循分形标度定律，如图 3-11（b）所示。在该模型中，将使用"点到线"Y 型类分形树状分叉网络来描述裂缝［图 3-11（c）］，其余部分是气体不能流动的固体基质。与简单多孔模型[7,8]（如毛细管束模型或单根类分形树状分叉网络模型）相比，本节的分形模型更接近多孔介质的实际结构。下面，我们将重点介绍裂缝多孔介质，即随机分布的类分形树状分叉网络的结构参数。

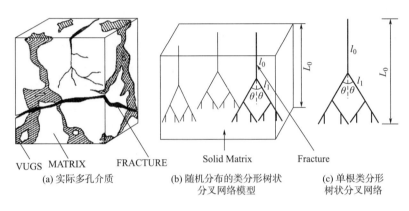

VUGS　MATRIX　　FRACTURE　　　　　Solid Matrix　　　Fracture

(a) 实际多孔介质　　　(b) 随机分布的类分形树状　　(c) 单根类分形
　　　　　　　　　　　分叉网络模型　　　　　　树状分叉网络

图 3-11　裂缝多孔介质

对于图 3-11（c）中所示的单根裂缝，我们采用了与 3.3 节相同的假设[8,34]。具体的结构参数，比如长度比、直径比、分叉角、分叉级数等参见式（3-10）~式（3-14）。

对于图 3-11（b）所示的多孔介质，我们还假设裂缝多孔介质由一束随机分布的类分形树状分叉网络组成，其中母管的直径 d_0 遵循分形标度定律，则裂缝多孔介质中裂缝母管的累积分布可以表示为:[43-45]

$$N(L \geqslant d_0) = \left(\frac{d_{0\max}}{d_0}\right)^{d_f} \tag{3-31}$$

式中：N——裂缝数；

　　　L——长度尺度；

　　　d_0——随机分布裂缝的母通道母管直径；

　　　$d_{0\max}$——随机分布裂缝的母通道母管最大直径；

　　　d_f——分形维数，二维为 $0<d_f<2$，三维为 $0<d_f<3$。

由于多孔介质中存在大量裂缝，式（3-31）可以近似看作一个连续可微的函数。基于式（3-31），对于 d_0 进行求导，可得 d_0 到 d_0+dd_0 的无穷小范围内的裂缝数:[43-45]

$$- dN(d_0) = d_f d_{0\max}^{d_f} d_0^{-(d_f+1)} dd_0 \tag{3-32}$$

其中，随机分布裂缝母管的分形维数 d_f 可以用下式计算出来：[43]

$$d_f = 2 - \frac{\ln\phi}{\ln d_{0\min}/d_{0\max}} \tag{3-33}$$

式中：ϕ——面孔隙率。

式（3-31）~式（3-33）即为裂缝多孔介质的分形几何理论，也是推导气体扩散系数分形模型的理论基础。

3.4.2 裂缝网络气体扩散系数的分形模型

为简单起见，本节只讨论单组分气体，气体扩散仅考虑努森扩散和体扩散。裂缝网络中气体扩散系数模型构建的关键就是单根裂缝网络中气体扩散系数的表达，在以前的工作中，我们专门计算了单根裂缝中气体扩散系数的表达式，详细推导过程参见文献[8]，于是母管直径为 d_0 的单根裂缝中气体扩散系数可由式（3-34）给出：

$$D_{\text{eff}} = \frac{[1 - \gamma + (\gamma - \gamma^{m+1})\cos\theta]^3}{2(\gamma - \gamma^{m+1})(1 - \gamma^{m+1})^2 \sin\theta \left[\dfrac{4l_0}{\pi d_0 D_0}\dfrac{1 - (\gamma/n\beta^2)^{m+1}}{1 - \gamma/n\beta^2} + \dfrac{6l_0}{\sqrt{2}\,\pi d_0^2}\sqrt{\dfrac{\pi M}{k_B T}}\dfrac{1 - (\gamma/n\beta^3)^{m+1}}{1 - \gamma/n\beta^3}\right]} \tag{3-34}$$

根据菲克定律，在母管直径为 d_0 的单根裂缝中，气体扩散的摩尔/质量流量可以表示为：

$$Q(d_0) = AD_{\text{eff}}\frac{\Delta C}{L_0} \tag{3-35}$$

式中：$A = \pi\left(\dfrac{d_0}{2}\right)^2$——裂缝的总横截面积；

D_{eff}——可由式（3-34）确定的气体扩散系数；

ΔC——断裂两端之间的浓度；

L_0——断裂的特征长度。[40]

将式（3-34）直接代入式（3-35），可以获得在 Knudsen 扩散和体扩散共存情况下通过母管直径为 d_0 的单根裂缝的气体摩尔/质量流量。

$$Q(d_0) = \pi\left(\frac{d_0}{2}\right)^2 \cdot$$

$$\frac{[1 - \gamma + (\gamma - \gamma^{m+1})\cos\theta]^3}{2(\gamma - \gamma^{m+1})(1 - \gamma^{m+1})^2 \sin\theta \left[\dfrac{4l_0}{\pi d_0 D_0}\dfrac{1 - (\gamma/n\beta^2)^{m+1}}{1 - \gamma/n\beta^2} + \dfrac{6l_0}{\sqrt{2}\,\pi d_0^2}\sqrt{\dfrac{\pi M}{k_B T}}\dfrac{1 - (\gamma/n\beta^3)^{m+1}}{1 - \gamma/n\beta^3}\right]}\frac{\Delta C}{L_0} \tag{3-36}$$

然后，随机分布的裂缝多孔介质中的总气体摩尔/质量流量可以通过对单根裂缝气体流量 $Q(d_0)$ 进行积分计算，即：

$$Q^* = -\int_{d_{0\min}}^{d_{0\max}} Q(d_0)\,\mathrm{d}N(d_0) \tag{3-37}$$

将式（3-32）和式（3-36）代入式（3-37），我们可以得到：

$$Q^* = k\int_{d_{0\min}}^{d_{0\max}} \frac{d_0^{1-d_f}}{\dfrac{4l_0}{\pi d_0 D_0}\dfrac{1-(\gamma/n\beta^2)^{m+1}}{1-\gamma/n\beta^2} + \dfrac{6l_0}{\sqrt{2}\,\pi d_0^2}\dfrac{1-(\gamma/n\beta^3)^{m+1}}{1-\gamma/n\beta^3}}\,dd_0 \tag{3-38}$$

式中：$k = \dfrac{\pi\left[1-\gamma+(\gamma-\gamma^{m+1})\cos\theta\right]^3 d_f d_{0\max}^{d_f}\Delta C}{8(\gamma-\gamma^{m+1})(1-\gamma^{m+1})^2\sin\theta L_0}$。

式（3-38）是基于分形几何理论的随机分布的类分形树状分叉网络的总气体摩尔/质量流量。由此可见，总气体摩尔/质量流量是多孔介质结构参数的函数，如分形维数 d_f、体扩散系数 D_0、长度比 γ、直径比 β、分支角 θ、分支水平 m、分支数 n 等。

将公式与菲克定律对比，我们可以给出随机分布裂缝介质中气体有效扩散系数如下：

$$D_{\mathrm{eff}}^* = \frac{Q^* L_0}{A_t \Delta C} \tag{3-39}$$

式中：A_t——多孔介质的总横截面积。

最后，通过将式（3-38）代入式（3-39），随机分布的类分形树状分叉网络中气体有效扩散系数可以进一步写为：

$$D_{\mathrm{eff}}^* = k^*\int_{d_{0\min}}^{d_{0\max}} \frac{d_0^{1-d_f}}{\dfrac{4l_0}{\pi d_0 D_0}\dfrac{1-(\gamma/n\beta^2)^{m+1}}{1-\gamma/n\beta^2} + \dfrac{6l_0}{\sqrt{2}\,\pi d_0^2}\dfrac{1-(\gamma/n\beta^3)^{m+1}}{1-\gamma/n\beta^3}}\,dd_0 \tag{3-40}$$

式中：$k^* = \dfrac{\pi\left[1-\gamma+(\gamma-\gamma^{m+1})\cos\theta\right]^3 d_f d_{0\max}^{d_f}}{8(\gamma-\gamma^{m+1})(1-\gamma^{m+1})^2\sin\theta A_t}$。

式（3-40）表明，由随机分布的类分形树状分叉网络构成的裂缝多孔介质中气体有效扩散系数不仅与多孔介质的结构参数有关，而且与气体性质有关。很明显，我们的分形模型中每个参数具有明确的物理意义，所提出的模型比实验可以揭示更多的物理机制。

自 20 世纪以来，大量的文献集中于构建气体相对扩散系数的理论关系式，其定义为多孔介质和自由空气中气体扩散系数的比值。为便于后续讨论，我们也计算了无量纲气体相对扩散系数为：

$$D_{\text{eff}}^*/D_0 = k^* \int_{d_{0\min}}^{d_{0\max}} \frac{d_0^{1-d_f}}{\frac{4l_0}{\pi d_0} \frac{1 - (\gamma/n\beta^2)^{m+1}}{1 - \gamma/n\beta^2} + \frac{6l_0 D_0}{\sqrt{2}\pi d_0^2} \frac{1 - (\gamma/n\beta^3)^{m+1}}{1 - \gamma/n\beta^3}} dd_0 \quad (3-41)$$

3.4.3 裂缝网络结构参数对气体扩散的影响

本节主要基于分形几何理论构建了裂缝多孔介质，即基质介质嵌入随机分布类分形树状分叉网络，气体相对扩散系数的理论模型，旨在研究气体在复杂和无序的裂缝多孔介质中扩散行为背后的物理机理。在接下来的计算中，假设有一个对称的结构（分支数 $n=2$）。为了将努森数 Kn 限制在 $0.1\sim10$，分叉级数 m 和直径比 β 应满足 $m = \lg 0.01/\lg\beta$（例如，$\beta = 0.5$，$m = 6$；$\beta = 0.7$，$m = 12$），具体原因详见参考文献 [8]。

图 3-12 展示了所提出的分形模型预测与实验数据[46] 和经验关系式[47-49] 的对比。实验数据均来自不同的多孔介质[46]，虽然这些多孔介质大多数是土壤，但裂缝在土壤结构（特别是干燥土壤中）起主导作用[50,51]。为了预测气体相对扩散系数，相关参数值详见表 3-2[46]。在参考文献中没有提及的结构参数，比如母管直径和分叉角等，我们设定了母管的最大直径，以确保气体扩散为努森扩散和体扩散，并设定母管的最小直径与最大直径的比值为 0.01。从图 3-12 可以看出，我们的分形模型与实验数据有相似的变化趋势，并且随着裂缝多孔介质孔隙度的增加而增加，这应该是由于孔隙率产生较大的气体扩散空间。此外，我们还发现，在低孔隙度下经验相关式与实验数据吻合较好，而在高孔隙度下我们的预测模型与实验数据吻合较好，这可能是由于实验数据来自 13 个源头，很难选

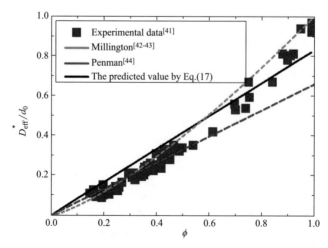

图 3-12 分形模型预测与实验数据[46] 和经验关系式的对比[47-49]

择适合所有多孔介质的相同参数。然而，经验相关式并没有揭示无量纲气体相对扩散系数与多孔介质的结构参数之间的任何直接关系。从这个角度来看，我们可以得出结论，所提出的分形模型可以揭示更多的气体输运机制。

表 3-2　关于气体和裂缝多孔介质的相关参数[46]

Parameters	Value	Description
M	5.31561×10^{-26} kg	氧气分子质量[41]
n	2	分叉数
T	293K	室温[41]
D_b	1.8×10^{-5} m	氧气的扩散率[41]
d_{0max}	1×10^{-6} m	母管的最大直径
d_{0min}	1×10^{-8} m	母管的最小直径
l_0	10×10^{-6} m	母管的长度
θ	$\pi/6$	分叉角

其次，我们还研究了裂缝多孔介质其他结构参数对气体扩散的影响，并继续使用表 3-2 中的数据进行讨论。

图 3-13 绘制了气体相对扩散系数与孔分形维数之间的变化趋势，孔分形维数越大，气体相对扩散系数越大。根据式（1-7），一旦裂缝母管的最大直径和最小直径固定，裂缝多孔介质的孔隙度与孔分形维数成正比。显然，孔分形维数越大，孔隙率就越大，气体相对扩散系数就会增大。相似现象参见图 3-12。

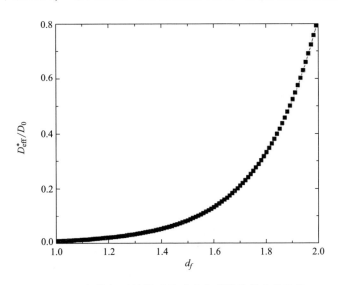

图 3-13　气体相对扩散系数随孔分形维数的变化趋势

图 3-14 显示了在不同长度比下的气体相对扩散系数与直径比的关系。可以看出，气体相对扩散系数随直径比的增大而增大，但随着长度比的增加而减小。直径比的增加说明气体通过裂缝多孔介质下一级的孔隙面积会增加，从而导致有效扩散系数的增加。但长度比的增加会增加气体输运的路径，从而起相反的作用。在图 3-16 中也可以看到类似的现象。

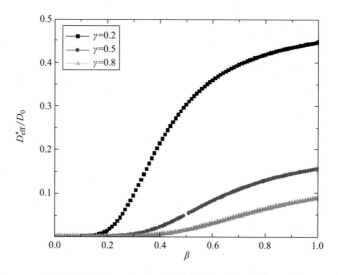

图 3-14　在不同长度比 γ 下，气体相对扩散系数随直径比的变化趋势

图 3-15 给出了在不同孔隙率下，气体相对扩散系数随分叉级数的变化。结

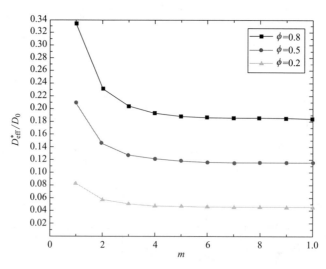

图 3-15　在不同孔隙率下，气体相对扩散系数随分叉级数的变化趋势

果表明，分叉级数越高，气体相对扩散系数就越低。这意味着在较高的分叉级数下，气体通过裂缝多孔介质的扩散阻力更大。我们也可以得出气体相对扩散系数与孔隙率的相似趋势，如图 3-12 所示。

图 3-16 显示了在不同直径比和长度比条件下，分叉角对气体相对扩散系数的影响。从图 3-16 中可以很容易地得出结论，分叉角对气体扩散行为有显著的影响。气体相对扩散系数随分叉角的增加而减小，这是由于气体分子与毛细管壁相互作用增多，导致气体输运阻力增加。气体相对扩散系数随直径比或长度比的变化如图 3-14 所示。

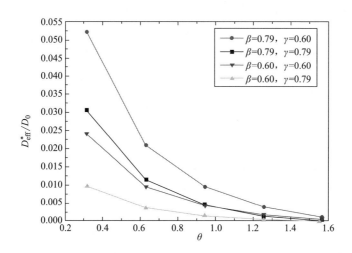

图 3-16　在不同直径比和长度比下，气体相对扩散系数随分叉角的变化趋势

参考文献

[1] M. M. Tomadakis. S. V. Sotirchos. Ordinary and transition regime diffusion in random fiber structures [J]. AIChE Journal, 1993, 39: 397-412.

[2] J. H. Nam, M. Kaviany, Effective diffusivity and water-saturation distribution in single and two-layer PEMFC diffusion medium [J]. International Journal of Heat and Mass Transfer, 2003, 46: 4595-4611.

[3] P. K. Das, X. Li, Z. S. Liu. Effective transport coefficients in PEM fuel cell catalyst and gas diffusion layers: Beyond Bruggeman approximation [J]. Applied Energy, 2010, 87: 2785-2796.

［4］ N. Zamel, X. Li, J. Shen. Correlation for the effective gas diffusion coefficient in carbon paper diffusion media ［J］. Energy Fuels, 2009, 23: 6070-6078.

［5］ B. M. Yu. Analysis of flow in fractal porous media ［J］. Applied Mechanics Reviews, 2008, 61 (5): 050801.

［6］ X. Shen, Z. Chen. Fractal diffusion of VOCs in dry porous building materials ［J］. Build Simul, 2010, 3: 225-231.

［7］ Q. Zheng, B. M. Yu, S. F. Wang, et al. A diffusivity model for gas diffusion through fractal porous media ［J］. Chem. Eng. Sci, 2012, 68: 650-655.

［8］ Zheng Q, Xu J, Yang B, et al. Research on the effective gas diffusion coefficient in dry porous media embedded with a fractal-like tree network ［J］. Physica A: Statistical Mechanics and its Applications, 2013, 392 (6): 1557-1566.

［9］ Zheng Q, Yu B. A fractal permeability model for gas flow through dual-porosity media ［J］. Journal of Applied Physics, 2012, 111 (2): 024316.

［10］ Qian Zheng, Xiangpeng Li. Gas diffusion coefficient of fractal porous media by Monte Carlo simulations ［J］. Fractals, 2015, 23 (2): 1550012.

［11］ R. Wu, Q. Liao, X. Zhu, et al. A fractal model for determining oxygen effective diffusivity of gas diffusion layer under the dry and wet conditions ［J］. Int. J. Heat Mass Transf., 2011, 54: 4341-4348.

［12］ D. H. Shou, J. T. Fan, M. F. Mei, et al. An analytical model for gas diffusion though nanoscale and microscale fibrous media ［J］. Microfluid Nanofluid, 2014, 16: 381-389.

［13］ Liu Y, Zhou X, Wang D, et al. A diffusivity model for predicting VOC diffusion in porous building materials based on fractal theory ［J］. Journal of hazardous materials, 2015, 299: 685-695.

［14］ Xiao B, Fan J, Wang Z, et al. Fractal analysis of gas diffusion in porous nanofibers ［J］. Fractals, 2015, 23 (01): 1540011.

［15］ B. Q. Xiao, H. X. Yan, S. X. Xiao, et al. An analytical model for gas diffusion through fractal nanofibers in complex resources ［J］. J. Nat. Gas Sci. Eng, 2016, 33: 1324-1329.

［16］ S. F. Wang, T. Wu, Y. J. Deng, et al. A diffusivity model for gas diffusion in dry porous media composed of converging-diverging capillaries ［J］. Fractals, 2016, 24: 1650034.

［17］ P. Xu, S. X. Qiu, J. C. Cai, et al. A novel analytical solution for gas diffusion in multiscale fuel cell porous media ［J］. J. Power Sources, 2017, 362: 73-79.

［18］ Malek K, Coppens MO. Knudsen self-and Fickian diffusion in rough nanoporous media ［J］. The Journal of chemical physics, 2003, 119 (5): 2801-2811.

［19］ M. Coppens, K. Malek. Dynamic Monte-Carlo simulations of diffusion limited reactions in rough nanopores ［J］. Chemical Engineering Science, 2003, 58.

［20］ Crank J. The mathematics of diffusion ［J］. Oxford university press，1979.

［21］ Zamel N，Astrath NG，Li X，et al. Experimental measurements of effective diffusion coefficient of oxygen-nitrogen mixture in PEM fuel cell diffusion media ［J］. Chemical Engineering Science，2010，65 (2)：931-937.

［22］ P. Epstein. On tortuosity and tortuosity factor in flow and diffusion through porous media ［J］. Chem. Eng. Sci，1989，44 (3)：777-779.

［23］ D. Pfund，D. Rector，A. Shekarriz，et al. Pressure drop measurements in a microchannel ［J］. AIChE J. 2000，46 (8)：1496-1507.

［24］ Li ZX. Experimental study on flow characteristics of liquid in circular microtubes ［J］. Microscale thermophysical engineering，2003，7 (3)：253-265.

［25］ D. R. Baker，C. Wieser，K. C. Neyerlin，et al. The use of limiting current to determine transport resistance in PEM fuel cells ［J］. ECS Trans，2006，3：989-999.

［26］ Flückiger R，Freunberger SA，Kramer D，et al. Anisotropic，effective diffusivity of porous gas diffusion layer materials for PEFC ［J］. Electrochimica acta，2008，54 (2)：551-559.

［27］ Bruggeman DA. The calculation of various physical constants of heterogeneous substances. I. The dielectric constants and conductivities of mixtures composed of isotropic substances ［J］. Annals of Physics，1935，416：636-791.

［28］ J. B. Chaitanya，T. T. Stefan. Effect of anisotropic thermal conductivity of the GDL and current collector rib width on two-phase transport in a PEM fuel cell ［J］. J. Power Sources，2008，179 (1)：240-251.

［29］ T. H. Nguyen，A. Eichmann，F. L. Noble，et al. Dynamics of vascular branching morphogenesis：The effect of blood and tissue flow ［J］. Phys. Rev，2006，E73：061907.

［30］ L. M. Sander，T. S. Deisboeck. Growth patterns of microscopic brain tumors ［J］. Phys. Rev，2002，E66：051901.

［31］ Tawhai MH，Hunter P，Tschirren J，et al. CT-based geometry analysis and finite element models of the human and ovine bronchial tree ［J］. Journal of applied physiology，2004，97 (6)：2310-2321.

［32］ Tondeur D，Luo L. Design and scaling laws of ramified fluid distributors by the constructal approach ［J］. Chemical Engineering Science，2004，59 (8-9)：1799-1813.

［33］ X. Wang，Z. Huang，D. Miao，et al. Biomimetic fibrous Murray membranes with ultrafast water transport and evaporation for smart moisture-wicking fabrics ［J］. ACS Nano，2018，13 (2)：1060-1070.

［34］ Xu P，Yu B，Feng Y，et al. Analysis of permeability for the fractal-like tree network by parallel and series models ［J］. Physica A：Statistical Mechanics and its Applications，2006，369 (2)：884-894.

[35] S. S. Yang, H. H. Fu, B. M. Yu. Fractal analysis of flow resistance in tree-like branching networks with roughened microchannels [J]. Fractals, 2017, 25 (1): 1750008.

[36] S. S. Yang, B. M. Yu, M. Q. Zou, et al. A fractal analysis of laminar flow resistance in roughened microchannels [J]. Int. J. Heat Mass Transf, 2014, 77: 208-217.

[37] S. S. Yang, M. C. Liang, B. M. Yu, et al. Permeability model for fractal porous media with rough surfaces [J]. Microfluid. Nanofluid, 2015, 18: 1085-1093.

[38] J. R. Welty, C. E. Wicks, R. E. Wilson. Fundamentals of Momentum [M]. Heat, and Mass Transfer, 3rd edn. John Wiley and Sons, New York, 1984.

[39] Pollard W, Present RD. On gaseous self-diffusion in long capillary tubes [J]. Physical Review, 1948, 73 (7): 762.

[40] M. Aachib, M. Mbonimpa, M. Aubertin. Measurement and prediction of the oxygen diffusion coefficient in unsaturated media, with applications to soil covers [J]. Water Air Soil Pollut, 2004, 156: 163-193.

[41] Barenblatt GI, Zheltov IP, Kochina IN. Basic concepts in the theory of seepage of homogeneous liquids in fissured rocks [strata] [J]. Journal of applied mathematics and mechanics, 1960, 24 (5): 1286-1303.

[42] J. E. Warren, P. J. Root. The behavior of naturally fractured reservoirs [J]. Soc. Petroleum Eng. J. 1963, 3: 245-255.

[43] B. M. Yu, J. H. Li. Some fractal characters of porous media [J]. Fractals, 2001, 8: 365-372.

[44] B. M. Yu, L. J. Lee, H. Q. Cao. A fractal in-plane permeability model for fabrics [J]. Polym. Compos, 2002, 23: 201-221.

[45] B. M. Yu, P. Cheng. A fractal permeability model for bi-dispersed porous media [J]. Int. J. Heat Mass Transfer, 2002, 45: 2983-2993.

[46] M. Aachib, M. Mbonimpa, M. Aubertin. Measurement and prediction of the oxygen diffusion coefficient in unsaturated media, with applications to soil covers [J]. Water Air Soil Pollut, 2004, 156: 163-193.

[47] R. J. Millington. Gas diffusion in porous media [J]. Science, 1959, 130: 100-102.

[48] R. J. Millington, J. P. Quirk. Permeability of porous solids [J]. Trans. Faraday Soc, 1961, 57: 1200-1207.

[49] H. L. Penman. Gas and vapor movements in the soil: II. The diffusion of carbon dioxide through porous solids [J]. J. Agric. Sci, 1940, 30: 570-581.

[50] P. D. Hallett, T. A. Newson. Describing soil crack formation using elastic-plastic fracture mechanics [J]. Eur. J. Soil Sci, 2005, 56: 31-38.

[51] T. L. Chen, L. Y. Zhang, D. L. Zhang. Simulation of hydraulic fracture in unsaturated soils with high degree of saturation [J]. Adv. Mater. Sci. Eng, 2014, 2014: 981056.

第4章 多孔介质中单组分气体输运特性的蒙特卡罗模拟

4.1 引言

多孔介质的微观孔隙结构通常是复杂无序的，当外部环境条件和气体属性确定时，不同的孔隙直径对应着不同的努森数，从而涉及不同的气体输运区域。本章重点关注多孔介质单组分气体输运特性的数值模拟，因此我们仅探索自由分子流区和过渡流区气体的流动和扩散现象。

在自由分子流区，分子与分子之间发生碰撞的平均自由程明显大于所涉及系统至少某一个特征尺度[1]，分子与分子之间的相互碰撞可以忽略不计，仅存在分子与管道壁面的碰撞，因此，复杂通道中气体输运仅需考虑管道的几何形状。当所有的外界条件（如气体温度和压强等）确定以后，单通道中气体流率的计算关键在于透射概率的求解[2]。多年来，国内外许多学者对自由分子通过简单几何形状管道（如直圆柱形管道[1-16]、圆锥形管道以及圆环形管道[2,4,13,14,17,18] 等）中的透射概率分别从理论和数值模拟等方面进行了广泛的研究，而对于复杂通道中的自由分子流动研究得比较少。文献调研显示复杂几何形状管道（如胳膊肘模型[2,19]、直的截面为椭圆的管道、螺旋形管道[10] 以及由多节直径不同的圆柱形构成的管道[20]）中自由分子流动也进行了相应的研究。Davis[2] 采用测试粒子蒙特卡罗方法模拟了90°胳膊肘管道中的透射概率，并讨论了管道的长度比对透射概率的影响。Xu 等人[19] 应用蒙特卡罗方法模拟了变角度胳膊肘模型中的分子传导率，从侧面反应了分子的透射概率随夹角的变化情况，文献报道他们研究的是胳膊肘管道的总长—径比较小（不超过10），且构成胳膊肘两截管道的长径比相等的情形，所以很显然他们并没有考虑胳膊肘管道的总长径比较大且构成胳膊肘两截管道的长—径比不相等的情形。Casella 等人[10] 研究了自由分子传输通过不同形状细管道，比如直管道具有椭圆截面以及螺旋形管道具有圆形截面等。

Albo 等人[20] 模拟了变直径管道中的努森扩散，并得到自由分子的透射概率。尽管如此，复杂管道形状对气体输运的影响研究的还比较少。由于孔道的拓扑结构和几何形貌强烈地影响气体分子的运动，因而研究复杂管道中稀薄气体的传输具有重要的理论和现实价值。

在过渡流区，多孔介质中气体输运特性研究的难点在于多孔介质微观结构的表征，因此探究复杂多孔介质气体输运过程是一项具有挑战性的任务。为了构建气体渗透率与多孔介质孔隙结构参数的关系，通常采用解析模型、实验或数值模拟来揭示气体流动的机理[21-26]；关于多孔介质中气体扩散行为，学者们已经从实验测量和数值模拟的角度进行了大量的研究，感兴趣的读者可以参阅 Park 等人[27] 的综述和相关文献[28-31]，此外，学者们还建立了多孔介质相对气体扩散系数的半经验模型，并将这些模型表示为孔隙率和经验常数的函数。幸运的是，在自然界中，大多数真实的多孔系统在一定的尺度范围内都具有分形特征，Mandelbrot[32] 提出的分形几何理论可以用于表征多孔介质。人们已将分形理论与蒙特卡罗方法相结合，研究了多孔介质中的输运机理。Yu 等[33] 基于多孔介质中孔径分布的随机性，采用分形理论和蒙特卡罗方法推导了孔径和渗透率的概率模型。Zou 等[34] 采用蒙特卡罗方法，模拟了具有分形行为的粗糙表面。根据纳米流体中的分形尺度定律，Feng 等[35] 推导出了纳米颗粒尺寸的概率模型和有效导热系数模型。最近，Xu 等人[36] 运用蒙特卡罗方法模拟建立了裂隙多孔介质径向渗透率的概率模型。尽管如此，采用分形—蒙特卡罗方法模拟复杂多孔介质的气体输运过程的研究较少。

本章将介绍自由分子流区气体分子透射概率的蒙特卡罗模拟，以及过渡流区多孔介质中气体渗透率和气体扩散系数的分形—蒙特卡罗模拟。

4.2 复杂管道中气体分子透射概率的蒙特卡罗模拟

在自由分子流区，复杂管道中气体的输运是通过一系列自由飞行来实现的，即仅需考虑气体分子与管道壁面的碰撞。本节我们采用测试粒子蒙特卡罗方法分别在 4.1.1 节和 4.1.2 节中分别模拟单根孔—喉管道中气体分子的透射概率以及在管道的长径比较大时变角度胳膊肘模型中气体分子的透射概率。

4.2.1 单根孔—喉管道中气体分子透射概率的测试粒子蒙特卡罗模拟

图 4-1 显示了单根孔—喉管道的几何形状，管道中气体的输运为自由分子流

动。在该模型中，粗圆柱体和细圆柱体分别表示孔道和喉道。从图 4-1 可以看出，单根孔—喉管道是由两截细圆柱体和一截粗圆柱体构成的，其中 R_t 和 R_c 分别为喉道和孔道的半径，A，B 和 C 为相应圆柱体的长度，圆环 1 和圆环 2 指的是喉道与孔道连接处的界面，圆环 1 位于 $x=A$，$R_t^2 \leqslant x^2 + y^2 \leqslant R_c^2$；圆环 2 位于 $x=A+B$，$R_t^2 \leqslant x^2 + y^2 \leqslant R_c^2$。在接下来的模拟中，我们假设喉道半径 R_t 等于 1，设定孔道的半径与喉道的半径处于同一个数量级，即 $1 \leqslant R_c/R_t \leqslant 2$，且 A，B 和 C 均相等。L 为单根孔—喉管道的总程度，即 $L=A+B+C$。

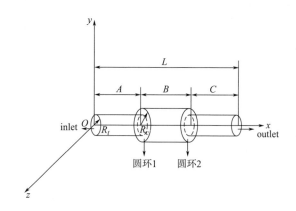

图 4-1　单根孔—喉管道的模型

本模拟是基于努森扩散，此时不考虑分子之间的碰撞，仅考虑分子与管道壁面的相互作用。因此，我们采用了与文献［3］类似的基本假设：

（1）气体流动处于稳态流动。

（2）管道入口处分子的位置和角度分布独立于系统其他部分的流动。

（3）管道中分子的运动彼此独立，即管道中不存在分子与分子之间的碰撞。

（4）气体分子在管壁处的反射满足余弦定律，即反射方向独立于入射方向。

在我们的模型中，我们假设分子从管道入口进，从管道出口出去。透射概率定义为通过管道的分子数目与进入管道的总分子数目的比值，可表达式为：[3]

$$P = N_T/N \tag{4-1}$$

式中：N_T——穿过单根孔—喉管道的分子数目；

　　　N——进入管道入口的分子数目。

标准方差 σ_P 定义为：[3]

$$\sigma_P = \left[P(1-P)/N \right]^{\frac{1}{2}} \tag{4-2}$$

从数学分析的角度获得复杂管道的透射概率 P 和标准方差 σ_P 是很困难的，

所以本节采用测试粒子蒙特卡罗方法，研究孔道与喉道的半径之比以及长度与喉道半径之比对气体分子传输属性的影响，为了提高精度，我们均模拟了 10^7 个气体分子，透射概率的标准方差均在 10^{-4} 数量级。

为了测试本分析的正确性或有效性，我们首先计算了气体通过单根孔—喉管道（当 $R_c/R_t = 1$ 时）扩散时气体分子的透射概率和标准方差。在该模型中，比值 $R_c/R_t = 1$ 对应的恰好就是单根直圆柱形管道。所以在表 4-1 中我们罗列了本文的模拟结果与以前关于单根直圆柱形管道中气体透射概率的模拟结果（见文献 [6，15]）的比较，其中 L/R_t 为圆柱形管道的长度与圆柱形管道的半径的比值。本模拟结果显示出文献 [15] 和文献 [6] 与我们的结果的相对误差分别低于 4×10^{-4} 和 5%，因此验证了本模拟的有效性与正确性。表 4-1 中的数据同时也显示出管道越长，透射概率就越小，这正是期望的结果。

表 4-1　单根孔—喉管道当 $R_c/R_t = 1$ 时本文测试粒子蒙特卡罗方法模拟获得的透射
概率 P 与标准方法 σ_P 与文献 [15] 和文献 [6] 的结果的比较

L/R_t	P	σ_P	文献 [15] 的结果	文献 [16] 的结果
0.1	0.952406	6.7×10^{-5}	0.9523984	0.9524
0.5	0.80133	1.3×10^{-4}	0.8012712	0.8013
1	0.67204	1.5×10^{-4}	0.6719829	0.6720
1.5	0.58144	1.6×10^{-4}	—	0.5810
2	0.51419	1.6×10^{-4}	0.5142291	0.5136
3	0.41998	1.6×10^{-4}	0.4200553	0.4205
4	0.35653	1.5×10^{-4}	0.3565730	0.3589
5	0.31052	1.5×10^{-4}	0.3105257	0.3146
6	0.27540	1.4×10^{-4}	0.2754391	0.2807
7	0.24773	1.4×10^{-4}	0.2477350	0.2537
8	0.22534	1.3×10^{-4}	0.2252631	0.2316

我们还采用测试粒子蒙特卡罗方法，研究了管道长度与喉道半径的比值和孔道半径与喉道半径的比值分别对透射概率的影响。其中管道长度与喉道半径的比值（L/R_t）在 0.1~8 变化，孔道半径与喉道半径的比值（R_c/R_t）在 1~2 变化。模拟结果见图 4-2~图 4-4，图中显示了在不同比值 L/R_t 和 R_c/R_t 情况下透射概率的模拟值。数据表明当比值 L/R_t 处于不同区间范围时，透射概率随比值 R_c/R_t 的变化趋势不同。但是当比值 R_c/R_t 取不同值时，透射概率随比值 L/R_t 的变化趋势却是一样的。

当比值 L/R_t 在 0.1~1.5 取值时，透射概率随比值 R_c/R_t 的增加而减少，如图 4-2 所示。当管道的长度比较小时，喉道半径的增加将导致气体分子与管道壁面的相互作用更加频繁，从而进一步导致透射概率的下降。

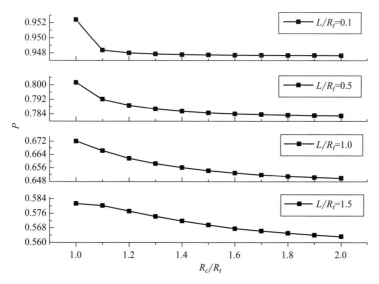

图 4-2　当 L/R_t 分别取 0.1，0.5，1.0 和 1.5 时，
透射概率 P 随比值 R_c/R_t 的变化趋势

图 4-3 显示了当 L/R_t 在 2~4 取值时，透射概率随比值 R_c/R_t 的增加将先增加后减少。为了展示上述现象，我们选择了比值 L/R_t 分别等于 2，2.5，3，3.5 和 4 的情况。从图 4-2 可以看出，对于每个比值 L/R_t，透射概率随比值 R_c/R_t 改变时都有一个峰值，且该峰值随之比值 L/R_t 的增加而向右移动。具体的，比值 L/R_t 分别取 2，2.5，3.5 和 4 时，峰值出现的位置（P_c）分别处于比值 R_c/R_t 等于 1.1，1.2，1.4，1.6 和 1.9。当比值 R_c/R_t 小于峰值出现的位置 P_c 时，透射概率随比值 R_c/R_t 的增加而上升，但是当比值 R_c/R_t 大于峰值出现的位置 P_c 时，透射概率随比值 R_c/R_t 的增加而下降。此种变化趋势可以解释为初始阶段比值 R_c/R_t 的增加将导致气体分子通过孔道部分的自由度加大，然而比值 R_c/R_t 进一步增加将导致气体分子与管道壁面的碰撞更加频繁。因此透射概率会先上升后下降。

图 4-4 展示了当比值 L/R_t 在 4.5~8 取值时，透射概率随比值 R_c/R_t 的增加而增加。当比值 L/R_t＞4.5，透射概率随比值 R_c/R_t 的增加而单调上升。这可以解释成孔道半径（R_c）的增加将导致气体分子通过管道的自由度增加，进而导致透

射概率的增加。

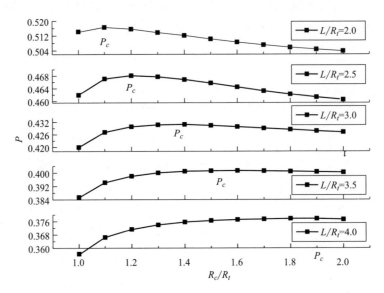

图4-3 当L/R_t分别取2.0，2.5，3.0，3.5和4.0时，
透射概率P随比值R_c/R_t的变化趋势

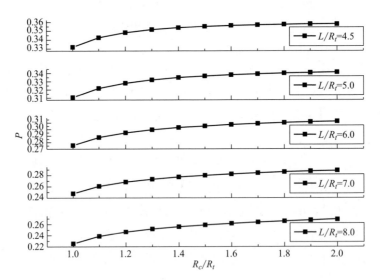

图4-4 当L/R_t分别取4.5，5.0，6.0，7.0和8.0时，
透射概率P随比值R_c/R_t的变化趋势

从图4-2～图4-4可以看出，在比值L/R_t取不同值时，透射概率随比值R_c/R_t的变化行为是完全不同的。我们可以使用孔道半径与管道长度的比值（R_c/L）

来解释这种变化。假设喉道半径 $R_t = 1$，我们发现如果比值 $R_c/L < 0.45$ 时，透射概率随着比值 R_c/R_t 的增加而增加；如果比值 $R_c/L > 0.55$ 时，透射概率随着比值 R_c/R_t 的增加而减少；如果比值 R_c/L 介于 0.45 ~ 0.55 时，透射概率随着比值 R_c/R_t 的增加先上升后下降。这就意味着比值 R_c/L 在透射概率的确定过程中起着重要的作用。

前面我们讨论在给定比值 L/R_t 时透射概率随比值 R_c/R_t 的变化趋势。下面我们将展示在比值 R_c/R_t 分别取 1.2，1.5 和 1.8 时，透射概率随比值 L/R_t 的变化趋势，见图 4-5。从图 4-5 可以很清晰地看出透射概率随着管道长度与喉道半径的比值 L/R_t 的增加而下降。从图 4-5 我们发现孔—喉管道的长度越长，气体分子通过管道时与管道壁面发生碰撞的概率就会越大，从而导致更低的透射概率。此种现象在图 4-2 ~ 图 4-4 里也有体现。同时我们也发现当比值 R_c/R_t 取不同值时透射概率的改变并不大。这可能归因于比值 R_c/R_t 相对小的变化范围（1.2 ~ 1.8）。

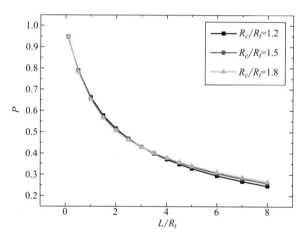

图 4-5　当 R_c/R_t 分别取 1.2，1.5 和 1.8 时，
透射概率 P 随比值 L/R_t 的变化趋势

4.2.2　胳膊肘管道中气体分析透射概率的测试粒子蒙特卡罗模拟

Davis[3] 和 Xu 等人[1] 采用测试粒子蒙特卡罗方法分别模拟了 90° 胳膊肘管道和变角度胳膊肘管道（当总长—径比 ≤ 10）时的透射概率，并讨论了管道的长度比对透射概率的影响。除此之外，Xu 等人[1] 还研究了气体分子的透射概率随夹角的变化情况，文献报道他们研究的是构成胳膊肘两截管道的长—径比相等

的情形。但他们并没有研究胳膊肘管道的总长—径比较大且构成胳膊肘两截管道的长—径比不相等的情形。本节中，我们采用测试粒子蒙特卡罗方法模拟了变角度胳膊肘模型中气体分子通过管道的总长—径比较大时的透射概率。

4.2.2.1 变角度胳膊肘管道的模型与假设

三维空间中变角度胳膊肘模型的示意图如图4-6所示，其中 A 和 B 分别代表输入圆柱形管道和输出圆柱形管道的长度，ψ 表示输出管道与 Y 轴正向的夹角，ϕ 为管道 A 与管道 B 的夹角（也称胳膊肘管道的夹角），R 为他们的半径。我们假定半径 $R=1$，总长度 $L=A+B$，本节主要研究在 $L/R \geqslant 10$ 的条件下气体分子通过此模型的流动问题，同时将分析长径比和胳膊肘管道的夹角对透射概率的影响。

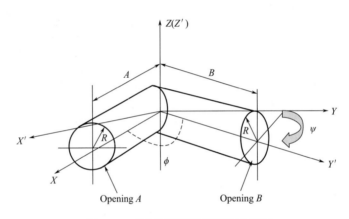

图4-6 变角度胳膊肘模型的示意图

透射概率 $P_{A \rightarrow B}$ 定义为:[3]

$$P_{A \rightarrow B} = N_{A \rightarrow B}/N_A \qquad (4-3)$$

式中: $N_{A \rightarrow B}$——从入口管 A 进同时从出口管 B 离开的气体分子数目;

$\qquad N_A$——进入入口管 A 总的气体分子数目。

标准偏差 $\sigma_{P_{A \rightarrow B}}$ 定义为:

$$\sigma_{P_{A \rightarrow B}} = \left[P_{A \rightarrow B}(1 - P_{A \rightarrow B})/N_A \right]^{\frac{1}{2}} \qquad (4-4)$$

模型的假设见4.1.1。

4.2.2.2 程序的验证和模型参数的影响

测试粒子蒙特卡罗方法被用于计算变角度胳膊肘模型中的透射概率，其计算步骤与 Davis[3] 文献中的步骤类似。本研究计算了胳膊肘模型在不同夹角 ϕ 和不同长径比 A/R、B/R 下的气体分子透射概率。对于每一种情形，我们都假定分子

从入口管 A 进，从出口管 B 离开，总共产生了 10^6 个粒子。

4.2.2.3　程序的验证

首先为了测试模拟程序的正确性，表 4-2 列出了分子通过不同长径比 L/R 的直圆柱形管道的气体分子的透射概率，$P_{A\to B}$ 和 $\sigma_{P_{A\to B}}$ 分别代表通过测试粒子蒙特卡罗方法得到的透射概率和标准方差，P_c 由 Clausing[6] 给出的透射概率，P_D 由 Davis[3] 给出的透射概率。通过与 Clausing[6] and Davis[3] 给出的透射概率比较，我们的模拟结果和他们的数据误差很小，因此验证了模拟程序的正确性。表 4-2 还显示管道越长，透射概率就越小，这与实际情况符合。在本研究中，直圆柱形管道就是胳膊肘模型的夹角 $\phi=\pi$ 的情形。

表 4-2　直圆柱形管道中的透射概率

L/R	P_c	P_D	$P_{A\to B}$	$\sigma_{P_{A\to B}}$
1	0.6720	0.678	0.67206	0.00047
2	0.5136	0.522	0.51426	0.0005
3	0.4205	0.425	0.42002	0.0005
4	0.3589	0.361	0.35653	0.0005
5	0.3146	0.315	0.31041	0.0005

为了进一步验证程序的正确性，我们模拟 90° 胳膊肘管道的自由分子透射概率，其结果与 Davis[3] 的数据的比较见表 4-3，其中 A/R 和 B/R 分别表示入射管和出口管与它们半径的比值，$\sigma_{P_{A\to B}}$ 是 $P_{A\to B}$ 的标准偏差，N 是模拟的总分子数目。从表中我们发现我们的模拟的数据与 Davis[3] 的数据非常吻合，其误差不超过 1%。这再次表明我们对于自由分子通过变角度胳膊肘模管道的模拟是可行和正确的。

表 4-3　$P_{A\to B}$ 为 90° 胳膊肘模型的透射概率

A/R		B/R								
		1		2		3		4		5	
		Davis's results	Our results	Davis's results	Our results	Davis's results	Our results	Davis's Results	Our results	Davis's results	Our results
1	$P_{A\to B}$	0.541	0.54150	0.429	0.42711	0.359	0.35743	0.308	0.30903	0.275	0.27292
	$\sigma_{P_{A\to B}}$	0.005	0.00049	0.005	0.00049	0.005	0.00048	0.005	0.00046	0.004	0.00045
	N	10001	1000000	10001	1000000	10001	1000000	10001	1000000	10001	1000000
2	$P_{A\to B}$	0.427	0.42730	0.357	0.35155	0.305	0.30244	0.272	0.26682	0.240	0.23960
	$\sigma_{P_{A\to B}}$	0.005	0.00049	0.005	0.00048	0.005	0.00046	0.004	0.00044	0.004	0.00043
	N	10001	1000000	10001	1000000	10001	1000000	10001	1000000	10001	1000000

A/R		B/R									
		1		2		3		4		5	
		Davis's results	Our results	Davis's results	Our results	Davis's results	Our results	Davis's Results	Our results	Davis's results	Our results
3	$P_{A→B}$	0.360	0.35714	0.308	0.30229	0.272	0.26491	0.245	0.23771	0.222	0.21575
	$\sigma_{P_{A→B}}$	0.005	0.00048	0.005	0.00046	0.004	0.00044	0.004	0.00043	0.004	0.00041
	N	10001	1000000	10001	1000000	10001	1000000	10001	1000000	10001	1000000
4	$P_{A→B}$	0.314	0.30898	0.273	0.26690	0.241	0.23741	0.271*	0.21518	0.197	0.19714
	$\sigma_{P_{A→B}}$	0.005	0.00046	0.005	0.00044	0.005	0.00043	0.004	0.00041	0.004	0.0004
	N	8397	1000000	8397	1000000	8397	1000000	8397	1000000	8397	1000000
5	$P_{A→B}$	0.271	0.27295	0.239	0.23969	0.215	0.21578	0.197	0.19699	0.183	0.18196
	$\sigma_{P_{A→B}}$	0.005	0.00045	0.005	0.00043	0.005	0.00041	0.004	0.0004	0.004	0.0004
	N	7837	1000000	7837	1000000	7837	1000000	7837	1000000	7837	1000000

∗ This datum may be typing error.

4.2.2.4　模型参数的影响

然后，我们计算了胳膊肘模型的夹角 ϕ 分别等于 $\pi/6$，$\pi/4$，$\pi/3$，$\pi/2$，$7\pi/12$，$2\pi/3$，$3\pi/4$，$5\pi/6$，$11\pi/12$ 和 π，且在不同的长—径比 A/R 和 B/R 下，气体分子的透射概率和它的标准方差。由于长—径比较小的情形，文献 [1] 已经报道了，所以本节模拟的长—径比（A/R 或 B/R）将从 5~9。

图 4-7 显示胳膊肘管道自由分子透射概率在入口管道 A 的长—径比 A/R 固定时随出口管道 B 的长—径比 B/R 的变化趋势。由图中可看出，当长—径比 A/R 固定时，长—径比 B/R 越大，透射概率越小。这是由于长—径比越大将导致分

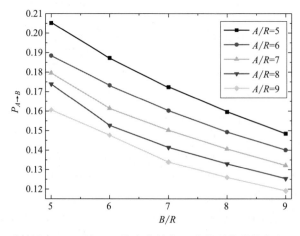

图 4-7　透射概率 $P_{A→B}$ 随 B/R 的变化趋势（胳膊肘管道的夹角 ϕ 为 $\pi/4$）

子与壁面碰撞的次数增加，这样气体分子通过管道就越困难。这与表 4-3 显示的结果一致。虽然我们仅在图 4-7 显示了胳膊肘管道夹角 $\phi = \pi/4$ 的情形，对于夹角为其他值时同样存在相同的变化趋势，详细的结果见图 4-8。

图 4-8 展示了当胳膊肘管道的夹角从 0 变化到 π 时，自由分子的透射概率分别在 $A/R = 5$ 和 $B/R = 5 \sim 9$ ［图 4-8（a）］以及在 $B/R = 5$ 和 $A/R = 5 \sim 9$ ［图 4-8（b）］下的分布。从图 4-8 可以很容易看出，当入口管道和出口管道的长径比均固定时，自由分子的透射概率随夹角 ϕ 先下降然后上升。该结果表明胳膊肘管道夹角 ϕ 是影响自由分子的透射概率的重要参数。

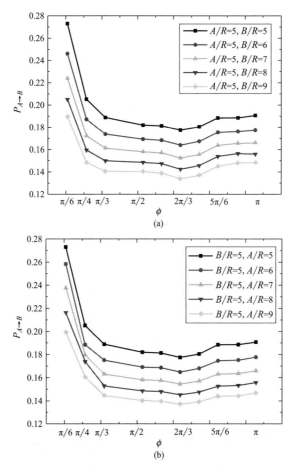

图 4-8　透射概率 $P_{A \to B}$ 随胳膊肘管道的夹角 ϕ 的变化

为了更好地理解胳膊肘管道夹角 ϕ 对透射概率的影响，图 4-9 给出了胳膊肘模型的入口管和出口管的接触面夹角 ϕ 分别等于 $\pi/6$ 和 $3\pi/4$ 时在二维平面中的图形。当胳膊肘模型的夹角 ϕ 一定时，我们可以得出接触面的面积 $S = \pi R^2/\sin(\phi/2)$，当 ϕ 从 0 变化到 π 时，接触面的面积会慢慢变小，这种情形在图4-9中反映出来了。当夹角 ϕ 很小时，入口管道与出口管道的接触面的面积很大，从入口管道进入的分子不可避免地会与胳膊肘管道的壁面发生碰撞。当夹角 ϕ 从 0 变化到 $\pi/2$ 时，胳膊肘管道的接触面迅速减小，将导致分子从入口管道进入出口管道的透射概率减小，从而整个管道的透射概率减小；当夹角 ϕ 从 $\pi/2$ 变化到 π 时，胳膊肘管道的接触面会继续减小，所以透射概率刚开始会继续减小；当夹角 ϕ 进一步增加时，管道会变直，也就是说，分子从出口管道 B 离开且与胳膊肘管道发生很少碰撞的概率会增加，同时胳膊肘管道的接触面减小程度较弱，从而导致整个胳膊肘管道中的透射概率会增加。

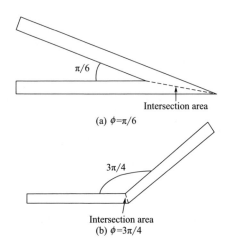

图4-9　当夹角 ϕ 分别为 $\pi/6$ 和 $3\pi/4$ 时二维平面中胳膊肘模型的接触面积

如图4-8所示，我们还发现透射概率的最小值大约出现在夹角 $\phi = 2\pi/3$ 的位置，且与管道的长—径比无关。此外，我们还发现，透射概率随着管道的长—径比的增加而减小，这个现象可以解释成分子与壁面的作用次数随着管道长—径比的增加而增加。

4.3　粗糙多孔介质中气体扩散系数的分形
—蒙特卡罗模拟

本节主要基于分形—蒙特卡罗方法模拟多孔介质中气体的扩散行为，假设粗糙元和毛细管道直径满足分形分布，利用蒙特卡罗技术建立了粗糙表面多孔介质气体扩散的分形概率模型。同时，分析了多孔介质结构参数，如相对粗糙度、孔隙率、毛细管道直径、孔分形维数和迂曲度分形维数等，对气体扩散行为的影响机理。

4.3.1　粗糙多孔介质毛细管道的分形概率模型

我们假设多孔介质是由一束弯曲的毛细管道构成，且毛细管道尺寸和粗糙表面均遵循分形标度规律[37-39]，因此第 1 章 1.1 节的粗糙毛细管束模型是本节多孔介质构建的理论基础，式（1-1）~ 式（1-9）仍然适用。

根据式（1-6），当 λ 变为 $\lambda_{\min}$ 时[37,38]，可得多孔介质总的毛细管道数目：

$$N_t(L \geq \lambda_{\min}) = \left(\frac{\lambda_{\max}}{\lambda_{\min}}\right)^{D_f} \tag{4-5}$$

用式（1-8）除以式（4-5）得到：

$$-\frac{\mathrm{d}N}{N_t} = D_f \lambda_{\min}^{D_f} \lambda^{-(D_f+1)} \mathrm{d}\lambda = f(\lambda)\mathrm{d}\lambda \tag{4-6}$$

式（4-6）表示 λ ~ $(\lambda + \mathrm{d}\lambda)$ 范围内的毛细管道数目占总毛细管道数目的百分比。在式（4-6）中，$f(\lambda) = D_f \lambda_{\min}^{D_f} \lambda^{-(D_f+1)}$ 为毛细管道分布的概率密度函数，根据概率论中概率密度函数的性质，$f(\lambda)$ 应满足归一化条件：

$$\int_{-\infty}^{\infty} f(\lambda)\mathrm{d}\lambda = \int_{\lambda_{\min}}^{\lambda_{\max}} f(\lambda)\mathrm{d}\lambda = 1 - \left(\frac{\lambda_{\min}}{\lambda_{\max}}\right)^{D_f} = 1 \tag{4-7}$$

分析可知，为了使式（4-7）成立，必须满足下述条件：

$$\left(\frac{\lambda_{\min}}{\lambda_{\max}}\right)^{D_f} \cong 0 \tag{4-8}$$

式（4-8）表明 $\lambda_{\min} \ll \lambda_{\max}$。一般，对于多孔介质，毛细管道直径通常满足 $\lambda_{\min}/\lambda_{\max} < 10^{-2}$，我们就可以近似认为满足式（4-8）。

根据式（4-7），可得毛细管道直径分布的概率模型为：

$$R(\lambda) = \int_{\lambda_{\min}}^{\lambda} f(\lambda)\mathrm{d}\lambda = \int_{\lambda_{\min}}^{\lambda} D_f \lambda_{\min}^{D_f} \lambda^{-(D_f+1)} \mathrm{d}\lambda$$

$$= 1 - \left(\frac{\lambda_{\min}}{\lambda}\right)^{D_f} \tag{4-9}$$

由式（4-9）可知，当 λ 在 $\lambda_{\min}$ ~ $\lambda_{\max}$ 取值时，R 介于 0 ~ 1。对式（4-9）变形可得：

$$1 - R = \left(\frac{\lambda_{\min}}{\lambda}\right)^{D_f} \tag{4-10}$$

因此，毛细管道直径 λ 可表示为：

$$\lambda = \frac{\lambda_{\min}}{(1-R)^{1/D_f}} = \left(\frac{\lambda_{\min}}{\lambda_{\max}}\right)\frac{\lambda_{\max}}{(1-R)^{\frac{1}{D_f}}} \tag{4-11}$$

根据式（4-11），本模拟中第 i 根毛细管道直径的概率模型为：

$$\lambda_i = \frac{\lambda_{\min}}{(1-R_i)^{1/D_f}} = \left(\frac{\lambda_{\min}}{\lambda_{\max}}\right)\frac{\lambda_{\max}}{(1-R_i)^{\frac{1}{D_f}}} \tag{4-12}$$

其中 i 在 $1\sim M$ 的范围内，M 是蒙特卡罗模拟一次运行的总数。R_i 是计算机产生的 0 到 1 的第 i 个随机数。值得注意的是，式（4-12）适用于表面光滑的毛细管道，但在实际情况下，粗糙度是天然或工程多孔介质的一个重要结构参数，第 i 根粗糙毛细管道直径的概率模型可表示为：

$$\begin{aligned}\lambda_{r,i} = \lambda_i(1-\varepsilon) &= \frac{\lambda_{\min}(1-\varepsilon)}{(1-R_i)^{1/D_f}}\\ &= \left[\frac{\lambda_{\min}(1-\varepsilon)}{\lambda_{\max}(1-\varepsilon)}\right]\frac{\lambda_{\max}(1-\varepsilon)}{(1-R_i)^{1/D_f}}\\ &= \left(\frac{\lambda_{\min}}{\lambda_{\max}}\right)\frac{\lambda_{\max}(1-\varepsilon)}{(1-R_i)^{1/D_f}}\end{aligned} \tag{4-13}$$

式（4-13）给出了多孔介质中随机生成粗糙毛细管道直径的显式模型，也是粗糙表面多孔介质孔径分布的概率模型。一旦已知 $\frac{\lambda_{\min}}{\lambda_{\max}}$、最大孔径 $\lambda_{\max}$ 和相对粗糙度 ε 的比值，就可以通过生成从 0 到 1 的随机数 R_i 来模拟随机孔径。

在多孔介质中，气体的扩散路径弯弯曲曲，遵循分形标度规律，因此，实际长度 $L_t(\lambda)$ 与孔径的关系可表示为：

$$L_t(\lambda) = \lambda^{1-D_t}L_0^{D_t} \tag{4-14}$$

式中：L_0——沿气体流动方向的直线长度；

D_t——描述毛细管道弯曲程度的迂曲度分形维数，在二维（或三维）空间内毛细管弯曲程度随 D_t 的增大而增大，D_t 的取值范围为 $1<D_t<2$（或 3），且 $D_t=2$（或 3）表示毛细管道非常弯曲充满整个平面（空间），它可以通过下式计算：[40,41]

$$D_t = 1 + \frac{\ln\bar{\tau}}{\ln(L_0\bar{\bar{\lambda}})} \tag{4-15}$$

其中，平均弯曲度和平均毛细管道直径分别由式（4-16）得到：

$$\bar{\tau} = \frac{1}{2} \left[\frac{1 + \frac{1}{2}\sqrt{1-\phi} + \sqrt{1-\phi}}{= \frac{\sqrt{\left(\frac{1}{\sqrt{1-\phi}} - 1\right)^2 + \frac{1}{4}}}{1 - \sqrt{1-\phi}}} \right] \qquad (4-16)$$

$$\bar{\lambda} = \frac{D_f \lambda_{\min}}{D_f - 1} \qquad (4-17)$$

式中：A_t ——总截面积，可由 [41] 得到：

$$A_t = \frac{\int_{\lambda_{\min}}^{\lambda_{\max}} \frac{\pi \lambda^2}{4} dN}{\phi} \qquad (4-18)$$

$$= \frac{\pi D_f \lambda_{\max}^2}{4\phi(2 - D_f)} \left[1 - \left(\frac{\lambda_{\min}}{\lambda_{\max}}\right)^{2 - D_f} \right]$$

在本文中，假定 L_0 近似于 $\sqrt{A_t}$。

4.3.2　气体扩散系数的分形概率模型

根据菲克定律，气体通过单根弯曲毛细管道的流率可表示为[42]：

$$q(\lambda) = A(\lambda) D \Delta C / L_t(\lambda) \qquad (4-19)$$

式中：$A(\lambda) = \pi(\lambda/2)^2$ ——毛细管道面积；

　　　　ΔC ——毛细管道两端的浓度差；

　　　　D ——单根毛细管或孔隙管道的气体扩散系数；

　　　　$L_t(\lambda)$ ——毛细管道的实长度，可由式（4-14）计算。

本研究以单组分气体为研究对象。假设不考虑表面扩散，质量传递过程主要由体扩散和努森扩散控制。气体扩散系数 D 的表达式可由下式[43-45] 计算：

$$D = \frac{2K_B^{1.5} T^{1.5}}{3\pi^{1.5} d^2 p m^{0.5}} \left(1 - e^{-\frac{\lambda}{\tau}}\right) \qquad (4-20)$$

式中：K_B ——Boltzmann 常数（$1.3806 \times 10^{-23} \text{JK}^{-1}$）。$m$、$T$、$p$、$d$ 分别代表气体

　　　　分子质量、温度、压力和气体分子直径。$l = K_B T / \sqrt{2}\pi p d^2$ 为气体分

　　　　子平均自由程。

但由于毛细管道结构的弯曲性，式（4-20）无法准确表征这种情况下的气体扩散系数。因此，我们需要通过迂曲度 $\tau[\tau = L_t(\lambda)/L_0]$ 来改进式（4-20）[46,47]，于是单根弯曲毛细管道中气体扩散系数可进一步修正为：

$$D_{\mathrm{eff}} = D/\tau^2 = \frac{2K_B^{1.5}T^{1.5}\lambda^{2D_t-2}}{3\pi^{1.5}d^2pm^{0.5}L_0^{2D_t-2}}(1-e^{-\frac{\lambda}{l}}) \qquad (4-21)$$

将式（4-13）和式（4-21）代入式（4-19），第 i 根粗糙毛细管道气体流量可改写为：

$$
\begin{aligned}
q(\lambda_{r,i}) &= \pi\left[\frac{\lambda_i(1-\varepsilon)}{2}\right]^2 \frac{2K_B^{1.5}T^{1.5}\lambda_i^{2D_t-2}}{3\pi^{1.5}d^2pm^{0.5}L_0^{2D_t-2}} \times \left[1-e^{-\frac{\lambda_i(1-\varepsilon)}{l}}\right]\Delta C/\lambda_i^{1-D_t}L_0^{D_t} \\
&= k\lambda_i^{3D_t-1}(1-\varepsilon)^2
\end{aligned}
$$

$$(4-22)$$

其中：

$$k = \frac{K_B^{1.5}T^{1.5}\left[1-e^{-\lambda_i(1-\varepsilon)/l}\right]\Delta C}{6\pi^{0.5}d^2pm^{0.5}L_0^{3D_t-2}}$$

最后，通过横截面积 A_t 的气体总流量 Q 与单根气体流量 $q(\lambda_{r,i})$ 的关系为：

$$
\begin{aligned}
Q &= \sum_{i=1}^{M}q(\lambda_{r,i}) = \sum_{i=1}^{M}k\lambda_i^{3D_t-1}(1-\varepsilon)^2 \\
&= \bar{k}\sum_{i=1}^{M}\lambda_i^{3D_t-1}(1-\varepsilon)^2\left[1-e^{-\lambda_i(1-\varepsilon)/l}\right]
\end{aligned}
$$

$$(4-23)$$

其中：

$$\bar{k} = \frac{K_B^{1.5}T^{1.5}\Delta C}{6\pi^{0.5}d^2pm^{0.5}L_0^{3D_t-2}}$$

根据菲克定律，粗糙表面多孔介质中气体的有效扩散系数的计算公式如下：

$$D_{\mathrm{eff}}^* = \frac{QL_0}{A_t\Delta C} \qquad (4-24)$$

将式（4-23）代入式（4-24），D_{eff}^* 可以改写为：

$$D_{\mathrm{eff}}^* = k^*\sum_{i=1}^{M}\lambda_i^{3D_t-1}(1-\varepsilon)^2\left[1-e^{-\lambda_i(1-\varepsilon)/l}\right] \qquad (4-25)$$

其中：

$$k^* = \frac{K_B^{1.5}T^{1.5}}{6\pi^{0.5}d^2pm^{0.5}L_0^{3D_t-3}A_t}$$

式（4-25）即为粗糙表面多孔介质中气体有效扩散系数的分形概率模型。

式中：ε——相对粗糙度；

$\quad A_t$——总横截面积；

$\quad L_0$——直线长度；

$\quad D_f$——孔分形维数；

$\quad D_t$——迂曲度分形维数；

气体分子属性（温度 T、分子质量 m、压力 p 和气体分子直径 d）的函数。

该模型可以揭示多孔介质结构参数对气体扩散行为的影响机理，可以看出相对粗糙度越大，有效气体扩散系数越小，这可以解释为毛细管道越粗糙，气体分子通过的空间越狭窄，因此，气体分子的扩散能力会减弱。

当式（4-25）中 $\varepsilon = 1$ 时，$D_{eff} = 0$ 表示气体流量几乎为零，这是符合实际情况的。

当式（4-25）中 $\varepsilon = 0$ 时，模型可简化为：

$$D_{eff}^{*} = k^{*} \sum_{i=1}^{M} \lambda_i^{3D_t - 1} \left(1 - e^{-\frac{\lambda_i}{l}} \right) \tag{4-26}$$

式（4-26）恰为光滑时有效气体扩散系数的分形模型[48]。

4.3.3　气体扩散系数的分形—蒙特卡罗模拟

4.3.2 基于毛细管道直径和粗糙元的分形分布，建立了粗糙表面多孔介质中有效气体扩散系数的分形概率理论模型。接下来，我们将用蒙特卡罗方法模拟有效气体扩散系数，具体算法步骤总结如下：

（1）输入 λ_{max}，$\lambda_{min}/\lambda_{max}$，$\varepsilon$，$\phi$。

（2）根据式（4-15）、式（4-18），分别计算孔分形维数 D_f、迂曲度分形维数 D_t 和总面积 A_t。

（3）计算产生一个 0-1 的随机数 R_i。

（4）用式（4-12）和式（4-13）计算 λ_i 和 $\lambda_{r,i}$。

（5）若 $\lambda_{min} \leq \lambda_i \leq \lambda_{max}$，继续下一步，否则返回步骤（3）。

（6）计算 D_{eff}、总孔隙面积 A_p 和总孔隙面积 A_m。

（7）如果是 $A_m > A_t$，则算法停止，否则返回步骤（3）。

总孔隙面积 A_p 和 A_m 由式（4-27）确定：

$$A_p = \sum_{i=1}^{M} \pi \lambda_i^2 / 4 \tag{4-27}$$

$$A_m = A_p / \phi \tag{4-28}$$

根据给定的孔隙度，重复步骤（3）~（6）计算有效气体扩散系数，直到得到收敛值。然后，将仿真结果记录为 $D_{eff,n}$（$n = 1, 2, 3, \cdots, N$），可用于计算平均有效气体扩散系数，其可表示为：

$$\overline{D}_{eff} = \frac{1}{N} \sum_{n=1}^{N} D_{eff,n} \tag{4-29}$$

式中：N——计算总数。

相对误差可以写成：

$$\sigma = \sqrt{\frac{1}{N(N-1)} \sum_{n=1}^{N} (D_{\text{eff},n} - \overline{D}_{\text{eff}})^2 / \overline{D}_{\text{eff}}} \qquad (4-30)$$

通过上述推导和分析，表明该方法既具有理论分析的优点，又具有数值模拟的优点。将该模型与传统分形多孔介质有效气体扩散系数数值方法进行了比较，结果表明，该模型是微观结构参数的函数，可以更好地揭示微观结构机制对气体扩散的影响。

在本节中，我们探讨了氢在室温和常压下的扩散过程。根据分形模型，定量分析了结构参数对粗糙表面多孔介质有效气体扩散系数的影响。

根据式（4-11），图4-10为孔隙率 $\phi = 0.4$ 时蒙特卡罗模拟计算的多孔介质毛细管道直径。我们取最大孔径为 1×10^{-6} m，取文献 ［49］ 中最小孔径与最大孔径之比 $\lambda_{\min}/\lambda_{\max} = 0.001$，得到最小孔径的估定值 $\lambda_{\min} = 1 \times 10^{-9}$。从图4-10可以看出，小孔径的数量多于大孔径的数量，定性地遵循了分形几何理论。根据分形理论模型，图4-10中最小孔径为 1.00001×10^{-9} m，与估算值近似。由此可见，用式（4-11）模拟随机毛细管道直径是合适的。

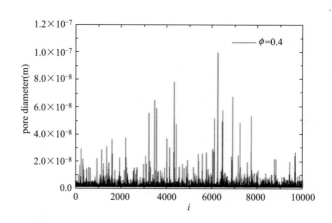

图 4-10　采用蒙特卡罗方法模拟的毛细管道直径

表4-4列出了在相对粗糙度 $\varepsilon = 0.2$ 条件，不同孔隙率和不同模拟次数下的有效气体扩散系数和相对误差。由表4-4可知，孔隙率越大，粗糙表面多孔介质的有效气体扩散系数越大。需要注意的是，总模拟次数 N 越大，有效气体扩散系数越稳定，当 N 超过10000时，达到收敛气体扩散系数，故相对误差 σ 是 $N = 10000$ 时测得的。因此下面模拟粗糙表面多孔介质结构参数对有效气体扩散系数的影响时均取 $N = 10000$。

表 4-4　不同条件下模拟的有效气体扩散系数

孔隙率	$N = 100$	$N = 1000$	$N = 10000$	$N = 100000$	σ
0.2	1.49752×10^{-6}	1.46948×10^{-6}	1.47597×10^{-6}	1.47512×10^{-6}	0.00228
0.4	4.36133×10^{-6}	4.45742×10^{-6}	1.47136×10^{-6}	4.46287×10^{-6}	0.00173
0.6	7.88198×10^{-5}	7.93303×10^{-5}	7.90493×10^{-5}	7.86239×10^{-5}	0.00149
0.8	1.12274×10^{-5}	1.12371×10^{-5}	1.12668×10^{-5}	1.13102×10^{-5}	0.00128

图 4-11 模拟了在相对粗糙度 $\varepsilon = 0.2$，孔隙率 $\phi = 0.4$ 条件下粗糙表面多孔介质的有效气体扩散系数。从图 4-11 可以看出，由于毛细管道直径分布的随机性，有效气体扩散系数大致在平均值 $4.3 \times 10^{-6}\,\mathrm{m^2/s}$ 附近波动，这完全符合预期，因此在相对粗糙度 $\varepsilon = 0.2$，孔隙率 $\phi = 0.4$ 条件下有效气体扩散系数可估计为 $4.3 \times 10^{-6}\,\mathrm{m^2/s}$。此外，在相同孔隙度下，随着毛细管道直径分布的随机性，气体扩散系数会有较大差异，这应归因于蒙特卡罗模拟的随机性。尽管毛细管道直径是由式（4-11）随机产生的，但有效气体扩散系数的收敛值可以通过大量的模拟得到。

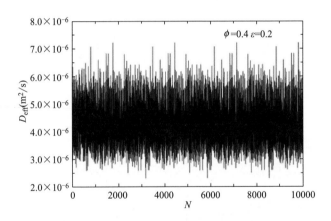

图 4-11　当孔隙率 $\phi = 0.4$，相对粗糙度 $\varepsilon = 0.2$ 时，采用蒙特卡罗方法模拟的有效气体扩散系数

为了验证本节获得的分形模型，将相对有效气体扩散系数与已有的实验数据[50-53] 进行了对比，如图 4-12 所示。图中孔隙率与有效气体扩散系数呈正线性相关关系，说明有效气体扩散系数随孔隙率的增大而增大，这是因为孔隙率的增加意味着气体扩散的面积增大，导致总流量增加。从图 4-12 可以看出，我们的模型与已有的实验数据吻合得较好，从而验证了粗糙表面多孔介质气体有效扩散系数的分形模型是有效的。

接下来考虑在 $\phi = 0.4$ 时相对粗糙度对气体有效扩散系数的影响，具体情况如图 4-13 所示。结果表明，相对粗糙度对有效气体扩散系数有显著影响，不同

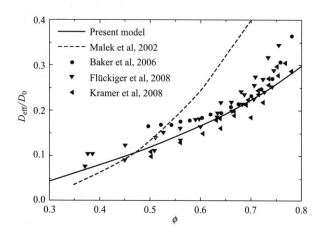

图 4-12 分形—蒙特卡罗模拟结果与已有数据的对比

孔隙率下，有效气体扩散系数随相对粗糙度的增大而显著减小。相对粗糙度越大，多孔介质中气体扩散面积减小越多。相对粗糙度与有效气体扩散系数呈负线性相关关系。

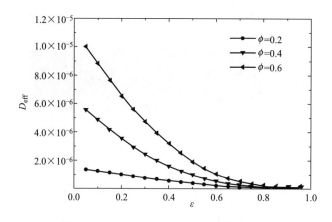

图 4-13 在不同孔隙度下，有效气体扩散系数随相对粗糙度的变化趋势

图 4-14 给出了在 $\varepsilon = 0.2$ 时，最小孔径与最大孔径之比（$\lambda_{min}/\lambda_{max}$）对有效气体扩散系数的影响。由图 4-14 可知，有效气体扩散系数和最小孔径与最大孔径之比呈正相关关系。当最小孔径与最大孔径之比分别为 0.001 和 0.0001 时，有效气体扩散系数变化不大。因此，本分形模型取最小孔径与最大孔径之比为 0.001 是合理的。

图 4-15 描述了多孔介质有效气体扩散系数在 $\phi = 0.4$ 下与迂曲度分形维数的

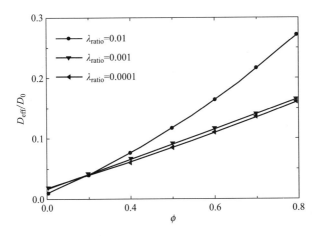

图 4-14　在不同孔径比，有效气体扩散系数随孔隙率的变化趋势

相关性，其中相对粗糙度为 0.1 ～ 0.3。当相对粗糙度固定时，有效气体扩散系数随迁曲度分形维数的增加而减小。微孔弯曲度增大，气体扩散的长度，会导致气体流量的减小。在一定迁曲度分形维数下，有效气体扩散系数与相对粗糙度呈负相关关系，如图 4-15 所示。

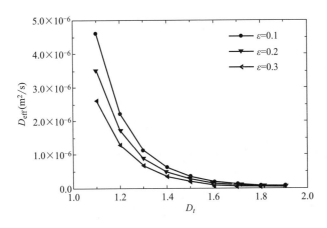

图 4-15　在不同相对粗糙度下，有效气体扩散系数随迁曲度分形维数的变化趋势

图 4-16 为在不同相对粗糙度下多孔介质有效气体扩散系数随孔分形维数的变化趋势。由图可见，当相对粗糙度在 0.1 ～ 0.3 范围内变化时，有效气体扩散系数随孔分形维数的增大而增大。孔分形维数的增加导致孔隙总面积的增加，因此有效气体扩散系数增大。

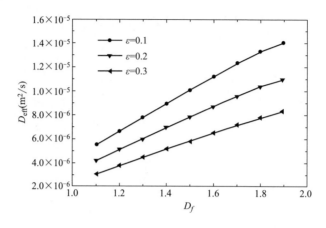

图 4-16　在不同相对粗糙度下，有效气体扩散系数随孔分形维数的变化趋势

4.4　粗糙多孔介质中气体渗透率的分形—蒙特卡罗模拟

　　本节主要基于分形—蒙特卡罗方法模拟多孔介质中气体的流动过程，与 4.3 节一样，假设粗糙元和毛细管道直径满足分形分布，利用蒙特卡罗技术建立了粗糙表面多孔介质气体渗透率的分形概率模型，同时分析了多孔介质结构参数，如相对粗糙度、孔隙率、毛细管道直径、孔分形维数和迂曲度分形维数等，对气体流动过程的影响机理。

　　粗糙表面多孔介质仍采用毛细管束模型，假设其内部的毛细管道直径和粗糙元满足分形标度定律，因此多孔介质毛细管道直径的概率模型的建立可以参考 4.3.1 节，下面我们重点推导气体渗透率的分形概率模型。

4.4.1　气体渗透率的分形概率模型

　　根据努森数的大小，气体流动可分为三种类型：黏性泊肃叶流、森流、黏性流和努森流的组合。努森数可以表示为：[54]

$$Kn = l/\lambda \qquad (4-31)$$

式中：$l = K_B T / \sqrt{2}\,\pi p \sigma_g^2$ ——气体分子的平均自由程；

　　　　　K_B ——玻尔兹曼常数；

　　　　　T ——绝对温度；

p ——气体压力；

σ_g ——气体分子直径；

λ ——毛细管直径。

当 $Kn < 0.01$ 时，即管道直径远大于气体分子的平均自由程时，将形成黏性泊肃叶流，此时气体分子之间的碰撞起主要作用。在这种情况下，通过单根毛细管的气体流速可以通过著名的哈根泊肃叶（Hagen-Poiseulle）方程获得[54]。

$$q_p(\lambda) = \frac{\pi \Delta p}{128\mu} \frac{\lambda^4}{L(\lambda)} \tag{4-32}$$

式中：μ ——气体黏度；

Δp ——毛细管两端的压强差；

$L(\lambda)$ ——实际气体流动长度。

当 $Kn > 10$ 时，即平均自由程远大于管道直径时，将形成努森流，此时气体分子与管道壁面之间的碰撞将起主要作用。在这种机制下，通过修改 Fick 扩散定律可以计算通过单根毛细管的气体流率：[54]

$$q_K(\lambda) = \frac{\pi \lambda^3}{12 p_m} \sqrt{\frac{8rT}{\pi M}} \frac{\Delta p}{L(\lambda)} \tag{4-33}$$

式中：p_m ——平均分压；

r ——气体常数；

M ——气体摩尔质量。

当 $0.01 < Kn < 10$ 时，上述两种机制可能并存，通过单根毛细管的气体流率可以用黏性流和努森流的组合来表示：[43]

$$q(\lambda) = q_p(\lambda) + q_X(\lambda)$$
$$= \frac{\pi \Delta p}{128\mu} \frac{\lambda^4}{L(\lambda)} + \frac{\pi \lambda^3}{12 p_m} \sqrt{\frac{8rT}{\pi M}} \frac{\Delta p}{L(\lambda)} \tag{4-34}$$

具有微孔的多孔介质通常具有低渗透率，在低渗透率多孔介质中，扩散效应不容忽视[44]。为了研究低渗透分形多孔介质中气体的稳态流动，应采用基于黏性泊肃叶流和努森流的机理。如果考虑毛细管的表面粗糙度，对式（4-34）进行修正，即可获得表面粗糙的第 i 根毛细管中的气体流量的表达式：

$$q(\lambda_i) = q_p(\lambda_i) + q_i(\lambda_i)$$
$$= \frac{\pi \Delta p}{128\mu} \frac{[\lambda_i(1-\varepsilon)]^4}{L(\lambda_i)} + \frac{\pi [\lambda_i(1-\varepsilon)]^3}{12 p_m} \sqrt{\frac{8rT}{\pi M}} \frac{\Delta p}{L(\lambda_i)} \tag{4-35}$$

基于式（4-35），通过粗糙表面多孔介质毛细管的总气体流量可以表示为：

$$Q = \sum_{i=1}^{N} q(\lambda_i)$$

$$= \sum_{i=1}^{N} [q_p(\lambda_i) + q_K(\lambda_i)]$$

$$= \sum_{i=1}^{N} \frac{\pi \Delta p}{128\mu} \frac{[\lambda_i(1-\varepsilon)]^4}{L(\lambda_i)} + \sum_{i=1}^{N} \frac{\pi [\lambda_i(1-\varepsilon)]^3}{12p_m} \sqrt{\frac{8rT}{\pi M}} \frac{\Delta p}{L(\lambda_i)} \quad (4\text{-}36)$$

基于达西定律，气体渗透率的表达式为：

$$K = \frac{\mu L_0 Q}{\Delta p A_t}$$

$$= \frac{\pi}{A_t L_0^{D_t-1}} \left[\sum_{i=1}^{N} \frac{\mu \lambda_i^{2+D_t}(1-\varepsilon)^3}{12p_m} \sqrt{\frac{8rT}{\pi M}} + \sum_{i=1}^{N} \frac{\lambda_i^{3+D_t}(1-\varepsilon)^4}{128} \right] \quad (4\text{-}37)$$

式（4-37）是具有粗糙表面的分形多孔介质中气体渗透率的概率模型。

式中：ε——相对粗糙度；

　　A_t——截面积；

　　D_i——迂曲度分形维数；

　　λ_i——孔隙直径气体和分子属性的函数。

其中孔隙直径 λ_i 可由蒙特卡罗方法来获得。一旦确定了参数 A_t、L_0、D_t、ε，则通过蒙特卡罗模拟方法，选取一组随机数 R_i 并生成随机直径 λ_i，$i = 1$，2，3，4，$\cdots$，M，M 是一次模拟中生成所有孔隙的数量，那么，模拟的多孔介质的气体渗透率 K 就可以决定。

当 $\varepsilon = 1$ 时，即毛细管的表面非常粗糙，气体无法通过，导致渗透率 K 趋于零，这与实际情况是一致。

当 $\varepsilon = 0$ 时，式（4-37）表示毛细管的表面是光滑的，气体渗透率则可以表示为：

$$K = \frac{\mu L_0 Q}{\Delta p A_t}$$

$$= A_t^{\frac{D_t+1}{2}} \sum_{i=1}^{N} \left(\frac{\pi \lambda_i^{3+D_t}}{128} + \frac{\mu \lambda_i^{2+D_t}}{12p_m} \sqrt{\frac{8\pi TT}{M}} \right) \quad (4\text{-}38)$$

式（4-38）则可以用来描述具有光滑表面的多孔介质的气体流动。

4.4.2　气体渗透率的分形—蒙特卡罗模拟

采用蒙特卡罗方法模拟气体渗透率算法的具体步骤总结如下：

（1）输入 λ_{max}，$\lambda_{min}/\lambda_{max}$，$\varepsilon$，$\phi$。

（2）通过公式计算孔分形维数 D_f、迂曲度分形维数 D_t 和总截面积 A_t。

（3）计算机产生 0-1 的随机数 R_i。

（4）通过公式计算 λ_i。

（5）如果 $\lambda_{\min} < \lambda_i < \lambda_{\max}$，继续下一步，否则返回步骤（3）。

（6）计算气体流率、总孔隙面积 A_p 和模拟总截面积 A_m。

（7）如果 $A_m > A_t$，则进入下一步，否则返回步骤（3）。总孔隙面积 A_p 和总截面积 A_m 由式（4-39）、式（4-40）获得。

（8）计算气体渗透率并记录下渗透率，并继续下一次运算。

$$A_p = \sum_{i=1}^{M} \pi \lambda_i^2 / 4 \tag{4-39}$$

$$A_m = A_p / \phi \tag{4-40}$$

根据给定的孔隙率，重复步骤（3）～（6）计算气体渗透率，直到得到收敛值。模拟的气体渗透率结果记为 $K_m^*(n = 1, 2, 3, \cdots, M)$，根据模拟结果，可以求得平均气体渗透率为：

$$\langle K^* \rangle = \frac{1}{M} \sum_{m=1}^{M} K_m^* \tag{4-41}$$

$$\sigma = \sqrt{\langle (K^*)^2 \rangle - \langle K^* \rangle^2} \tag{4-42}$$

式中：$\langle (K^*)^2 \rangle = \frac{1}{M} \sum_{m=1}^{M} (K_m^*)^2$。

表 4-5 列出了蒙特卡罗模拟中使用的参数。基于式（16）的随机孔隙直径模型，图 4-17 显示了当孔隙率 $\phi = 0.4$ 时，毛细管道直径的模拟结果，这些孔隙直径是由蒙特卡罗模拟随机生成的。从图 4-17 可以看出，大部分孔隙直径较小，最大孔隙直径只有一个，模拟结果与分形几何理论一致。还可以发现，蒙特卡罗模拟得到的最小孔隙直径约为 $6.22253 \times 10^{-8} \text{m}$，此结果约等于表 4-5 中估计值，所以蒙特卡罗方法适用于生成随机孔隙直径。

表 4-5　蒙特卡罗模拟用到的参数

结构参数	取值	参数描述
p_m	$1.10325 \times 105 \text{Pa}$	压强
T	293K	温度
μ	$1.1067 \times 10^5 \text{Pa} \cdot \text{s}$	甲烷气体黏度
$\lambda_{\max}$	$6.22 \times 10^{-6} \text{m}$	最大孔隙直径
$\lambda_{\min} / \lambda_{\max}$	0.01	最大最小直径比值
r	$8.314 \text{j} / (\text{mol} \cdot \text{K})$	气体常数
M	$16 \times 10^{-3} \text{kg/mol}$	甲烷摩尔质量

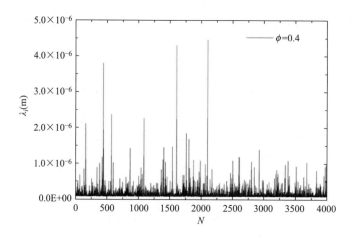

图 4-17　蒙特卡罗模拟随机孔隙直径 4000 次结果

如图 4-18 所示为采用蒙特卡罗方法模拟的粗糙表面多孔介质在孔隙率 $\phi =$ 0.4，粗糙度 $\varepsilon = 0.2$ 时的气体渗透率。图中数据说明模拟的气体渗透率大致在平均气体渗透率 $3.05471 \times 10^{-14} m^2$ 附近波动，这是由于孔隙直径分布的随机性造成的，这个结果也完全符合预期结果。因此，当孔隙率 $\phi = 0.4$，粗糙度 $\varepsilon = 0.2$ 时，平均气体渗透率可以估计为 $3.05471 \times 10^{-14} m^2$。

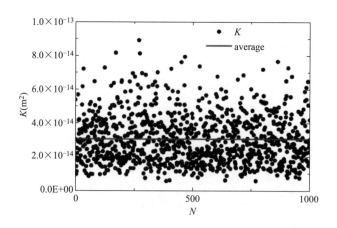

图 4-18　当 $\phi = 0.4$，$\varepsilon = 0.2$ 时，1000 次渗透率模拟结果

图 4-19 给出了当粗糙度 $\varepsilon = 0.2$ 时不同运行次数的气体渗透率变化。从图 4-19 可以看出，当 $N = 100$ 时的气体渗透率方差存在较大误差，当 $N = 1000$，$N = 10000$，$N = 100000$ 时的气体渗透率结果几乎相同；因此，下面将使用运行次数 $N = 10000$ 来分析多孔介质结构参数对气体渗透率的影响。

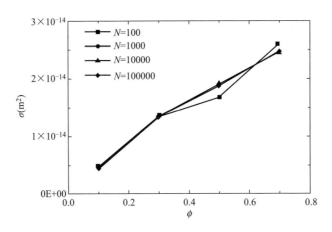

图 4-19　不同运行次数下，孔隙率对气体渗透率的影响

　　图 4-20 将蒙特卡罗方法的获得的结果与文献中已有的实验数据，在粗糙度 $\varepsilon = 0.2$ 的条件下进行了比较[55]。从图 4-20 可以看出，在气体渗透率在 $(1\times10^{-15})\,m^2 \sim (1\times10^{-14})\,m^2$ 范围内，我们的概率模型与油气田中的三口井的实验数据具有较好的一致性。而对于相差很多的实验数据，这是因为实际多孔介质的孔隙直径并非只存在于 λ_{min} 到 λ_{max} 的极限范围内，因此，随着概率模型孔隙直径范围设定的不同，在不同的渗透率范围内可能与实验数据都有很好的一致性。通过蒙特卡罗模拟，验证了我们的多孔介质渗透率分形模型的有效性。

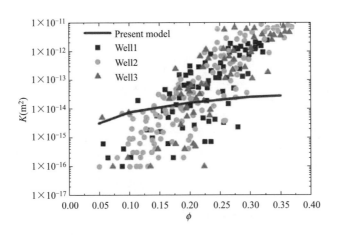

图 4-20　数值结果与实验数据对比

图4-21说明了三种不同相对粗糙度的气体渗透率与孔隙率的关系。由图可知，多孔介质的渗透率随着相对粗糙度的增加而减小，这意味着气体通过多孔介质的空间，随着相对粗糙度的增加而减小，气体流率也随着空间的减小而减小。因此，结果会导致气体渗透率降低。这一结果也与实际情况相符合。

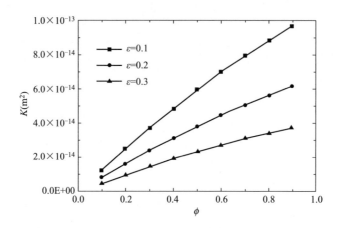

图4-21　不同粗糙度下，孔隙率对气体渗透率的影响

图4-22绘制了不同曲迂度分形维数下的气体渗透率与孔分形维数的关系。研究表明，气体渗透率随着孔分形维数的增加而上升，这意味着气体通过的空间随着孔分形维数的增加而变大，从而导致透气性增加。相比之下，气体渗透率随着迁曲度分形维数的变化趋势与孔分形维数的恰好相反，这是由于多孔介质的毛细管长度随着迁曲度分维数的增加而增加，导致气体渗透率降低。这样的结果也与实际的物理现象一致。

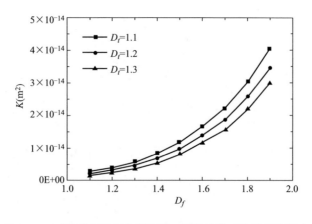

图4-22　不同迁曲度分形维数下，分形维数对渗透率的影响

参考文献

［1］ T. W. Xu, K. P. Wang. The relation between the conductance of an elbow and the angle between the tubes ［J］. Vacuum, 1982, 32（10/11）.

［2］ P. J. Lobo, F. Becheri, J. Gomez-Goni. Comparison between Monte Carlo and analytical calculation of Clausing functions of cylindrical and conical tubes ［J］. Vacuum, 2004, 76: 83-88.

［3］ D. H. Davis. Monte Carlo calculation of molecular flow rates through a cylindrical elbow and pipes of other shapes ［J］. J. Appl. Phys., 1960, 31（7）: 1169-1176.

［4］ Knudsen M. Die Gesetze der Molekularströmung und der inneren Reibungsströmung der Gase durch Röhren ［J］. Annalen der Physik, 1909, 333（1）: 75-130.

［5］ v. Smoluchowski M. Zur kinetischen theorie der transpiration und diffusion verdünnter gase ［J］. Annalen der Physik, 1910, 338（16）: 1559-1570.

［6］ Clausing P. Über die Strömung sehr verdünnter Gase durch Röhren von beliebiger Länge ［J］. Annalen der Physik, 1932, 404（8）: 961-989.

［7］ S. Dushman. Scientific Foundations of Vacuum Technique ［M］. New York: Wiley, 1962.

［8］ L. B. Loeb. The Kinetic Theory of Gases ［M］. New York: Dover Publications Inc., 1961.

［9］ A. S. Berman. Free molecule transmission probabilities ［J］. J. Appl. Phys., 1965, 36: 3356.

［10］ E. Garelis, T. E. Wainwright. Free molecule flow in a right circular cylinder ［J］. Phys. Fluids, 1973, 16（4）: 476-481.

［11］ G. A. Bird. Molecular Gas Dynamics ［M］. Oxford: Clarendon press, 1976.

［12］ A. M. Casella, S. K. Loyalka, B. D. Hanson. Computation of free-molecularflow in nuclear materials ［J］. J. Nucl. Mater., 2009, 394: 123-130.

［13］ A. S. Berman. Free molecule flow through a long rotating tube ［J］. J. Appl. Phys., 1969, 40（12）: 4972-4975.

［14］ Mohan A, Tompson RV, Loyalka SK. Efficient numerical solution of the Clausing problem ［J］. Journal of Vacuum Science & Technology A: Vacuum, Surfaces, and Films, 2007, 25（4）: 758-762.

［15］ J. Gomez-Goni, P. J. Lobo. Comparison between Monte Carlo and analytical calculationof the conductance of cylindrical and conical tubes ［J］. J. Vac. Sci. Tech. A, 2003, 21（4）: 1452-1457.

［16］ R. P. Iczkowski, J. L. Margrave, S. M. Robinson. Effusion of gases through conical orifices ［J］. J. Phys. Chem., 1963, 67: 229-233.

［17］ P. T. Choong, E. A. Mason. Calculation of obstruction effects on rarefied particle streaming through short tubes ［J］. J. Appl. Phys. , 1971, 42 （10）: 3755-3761.

［18］ R. J. Cole. Complementary variational principles for Knudsen flow rates ［J］. IMA J. Appl. Math. , 1977, 20: 107-115.

［19］ P. Szwemin, M. Niewinski. Comparison of transmission probabilities calculated by Monte Carlo simulation and analytical methods ［J］. Vacuum, 359-362, 67, 2002.

［20］ Kersevan R, Pons JL. Introduction to MOLFLOW＋: New graphical processing unit-based Monte Carlo code for simulating molecular flows and for calculating angular coefficients in the compute unified device architecture environment ［J］. Journal of Vacuum Science & Technology A: Vacuum, Surfaces, and Films, 2009, 27 （4）: 1017-1023.

［21］ 陈永平, 施明恒. 基于分形理论的多孔介质渗透率研究 ［J］. 清华大学学报, 2000, 40 （12）: 94-97.

［22］ Babadagli T, Al-Salmi S. A review of permeability-prediction methods for carbonate reservoirs using well-log data ［J］. SPE Reservoir Evaluation & Engineering, 2004, 7 （02）: 75-88.

［23］ Othman M R, Helwani Z. Simulated fractal permeability for porous membranes ［J］. Applied Mathematical Modelling, 2010, 34 （9）: 2452-2464.

［24］ Zheng Q, Yu B, Duan Y, et al. A fractal model for gas slippage factor in porous media in the slip flow regime ［J］. Chemical Engineering Science, 2013, 87: 209-215.

［25］ Sheng M, Li G, Tian S, et al. A fractal permeability model for shale matrix with multi-scale porous structure ［J］. Fractals, 2016, 24 （01）: 1650002.

［26］ Xiao B, Zhang X, Jiang G, et al. Kozeny-carman constant for gas flow through fibrous porous media by fractal-monte carlo simulations ［J］. Fractals, 2019, 27 （04）: 1950062.

［27］ I. S. Park, D. D. Do, A. E. Rodrigues. Measurement of the effective diffusivity in porous media by the diffusion cell method ［J］. Catal. Rev, 1996, 38 （2）, 189-247.

［28］ G. Li, B. Li, K, et al. van Genuchten: Simulating the gas diffusion coefficient in macropore network images: Influence of soil pore morphology ［J］. Soil Sci. Soc. Am. J. , 2006, 70: 1252-1261.

［29］ A. Hasmy, N. Olivi-Tran. Diffusivity and pore distribution in fractal and random media ［J］. Phys. Rev. , 1999, E59 （3）: 3012-3015.

［30］ Y. Utaka, Y. Tasaki, S. Wang, et al. Method of measuring oxygen diffusivity in microporous media ［J］. Int. J. Heat Mass Transfer, 2009, 52 （15-16）: 3685-3692.

［31］ N. Zamel, X. Li, J. Shen. Correlation for the effective gas diffusion coefficient in carbon paper diffusion media ［J］. Energy Fuels, 2009, 23: 6070-6078.

［32］ B. B. Mandelbrot. The Fractal Geometry of Nature ［M］. San Francisco: W. H. Freeman, 1982.

［33］ B. M. Yu, M. Q. Zou, Y. J. Feng. Permeability of fractal porous media by Monte Carlo simulations ［J］. Int. J. Heat Mass Transfer, 2005, 48: 2787-2794.

[34] M. Q. Zou, B. M. Yu, Y. J. Feng, et al. A Monte Carlo method for simulating fractal surfaces [J]. Physica, 2007, A386: 176-186.

[35] Y. J. Feng, B. M. Yu, K. M. Feng, et al. Thermal conductivity of nanofluids and size distribution of nanoparticles by Monte Carlo simulations [J]. Journal of Nanoparticle Research, 2008, 10 (8): 1319-1328.

[36] P. Xu, B. M. Yu, X. W. Qiao, et al. Radial permeability of fractured porous media by Monte Carlo simulations [J]. Int. J. Heat Mass Transfer, 2013, 57: 369-374.

[37] B. M. Yu, J. H. Li. Some fractal characters of porous media [J]. Fractals, 2001, 9: 365-372.

[38] B. M. Yu. Fractal character for tortous streamtubes in porous media [J]. Chinese Physics Letters, 2005, 22 (1): 158.

[39] B. M. Yu, P. Cheng. A fractal permeability model for bi - dispersed porous media [J]. Int. J. Heat Mass Transf, 2002, 45: 2983-2993.

[40] B. M. Yu, J. H. Li. A geometry model for tortuosity of flow path in porous media [J]. Chin. Phys. Lett, 2004, 21: 1569.

[41] Xu P, Yu B. Developing a new form of permeability and Kozeny-Carman constant for homogeneous porous media by means of fractal geometry [J]. Advances in water resources, 2008, 31 (1): 74-81.

[42] Welty J, Rorrer GL, Foster DG. Fundamentals of momentum, heat, and mass transfer [J]. John Wiley & Sons, 2014 (9).

[43] B. M. Yu, M. Q. Zou, Y. J. Feng. Permeability of fractal porous media by Monte Carlo simulations [J]. Int. J. Heat Mass Transf, 2005, 48: 2787-2794.

[44] Crank J. The mathematics of diffusion [M]. Oxford: Oxford university Press, 1979.

[45] Liu XR. Research method on solid catalyzer—I. Determination of macroscopical material properties of catalyzer [J]. Petrochem Technol, 2000, 29 (2): 148-158.

[46] N. Epstein. On tortuosity and the tortuosity factor in flow and diffusion through porous media [J]. Chem. Eng. Sci, 1989, 44: 777-779.

[47] L. H. Shen, Z. X. Chen. Critical review of the impact of tortuosity on diffusion [J]. Chem. Eng. Sci, 2007, 62: 3748-3755.

[48] Q. Zheng, X. P. Li. Gas diffusion coefficient of fractal porous media by Monte Carlo simulations [J]. Fractals, 2015, 23: 1550012.

[49] Y. J. Feng, B. M. Yu, M. Q. Zou et al. A generalized model for the effective thermal conductivity of porous media based on self-similarity [J]. J. Phys. D-Appl. Phys, 2004, 37: 3030.

[50] Malek K, Coppens MO. Pore roughness effects on self-and transport diffusion in nanoporous materials [J]. Colloids and Surfaces A: Physicochemical and Engineering Aspects, 2002,

206（1-3）：335-348.

［51］ D. R. Baker，C. Wieser，K. C. Neyerlin，et al. The use of limiting current to determine transport resistance in PEM fuel cells ［J］. ECS Trans，2006，3：989.

［52］ Flückiger R，Freunberger SA，Kramer D，et al. Anisotropic，effective diffusivity of porous gas diffusion layer materials for PEFC ［J］. Electrochimica acta，2008，54（2）：551-559.

［53］ Kramer D，Freunberger SA，Flückiger R. Electrochemical diffusimetry of fuel cell gas diffusion layers ［J］. Journal of Electroanalytical Chemistry，2008，612（1）：63-77.

［54］ E. L. Cussler. Diffusion：mass transfer in fluid systems ［M］. Cambridge：Cambridge University Press，2009.

［55］ Al-Anazi AF，Gates ID. Support vector regression to predict porosity and permeability：Effect of sample size ［J］. Computers & geosciences，2012，39：64-76.

第 5 章　多孔介质内多组分气体输运的格子 Boltzmann 方法研究

5.1　引言

多孔介质内多组分气体的输运过程广泛存在于能源、环境及化工等诸多领域，如温室气体埋存时煤气层中甲烷等气体的驱替过程[1-3]、页岩气在岩心孔隙中的渗流过程[4-6]、反应气体在燃料电池多孔阳极内的传输过程[7-9] 等。与前面几章所介绍单组分气体扩散及流动过程的不同，多组分混合体系除包含同类分子之间的相互碰撞外，还涉及异类分子间及气体分子与复杂固状结构表面间相互作用，且通常会出现反向扩散[10]（沿浓度增加的方向而扩散）、渗透扩散（不存在浓度梯度但出现的扩散行为）、扩散壁垒[11-13]（有浓度梯度但无扩散行为）、扩散滑移[14-17]、浓度分离[18,19] 等与单组分气体迥异的物理现象，其内部传输机理极为复杂，并不只是单组分气体扩散问题的简单拓展[12,20]。此外，正是由于上述多种组分交叉效应的存在，传质过程除了引起组分浓度的变化外，还会进一步影响气体的流动过程；相应地，气体流动也会反过来影响传质过程，因此多孔介质内多组分气体的输运过程实质上是一个涉及复杂孔隙结构及气—气、气—固相互作用的多场耦合系统[18,21]，探究其微结构参数及不同组分效应对系统有效输运特性的影响，对提高电池性能和优化能源结构至关重要。

由于多组分气体的输运本质上是微观分子无规则运动的结果，因此要想从实验的角度来准确描述分子的运动及扩散规律，通常需要对系统的压力及温度等条件有严格的控制，这也将对仪器和设备提出更高的要求，物质成本较高，并且受仪器分辨率的限制，其微观流动细节难以准确刻画[22,23]。另外，从数学模型的角度，多组分气体的扩散过程大体上可由如下两大类经典的宏观连续介质模型来描述：

（1）菲克（Fick）定律[24]：

$$J_i = - nD_{ij} \nabla x_i \qquad (5-1)$$

式中：J_i——摩尔扩散通量；

　　n——混合物摩尔密度；

　　D_{ij}——i，j组分间的相互扩散系数；

　　x_i——摩尔体积分数。

（2）Maxwell-Stefan 理论[20]：

$$d_i = -\frac{x_j J_i - x_i J_j}{n D_{ij}} \tag{5-2}$$

式中：d_i——作用于i组分上的驱动力，可以为浓度梯度、压力梯度及系统外力等的混合作用。

其中，经典的 Dusty-Gas 模型作为非连续介质刻画的常用模型，可以看作是 Maxwell-Stefan 理论的直接扩展（由于 Dusty-Gas 模型是涉及微尺度效应的后续研究，这里暂不做详细介绍）。

值得说明的是，Fick 定律表示组分总是从高浓度到低浓度扩散，即组分的扩散通量与自身梯度变化量的负值成正比，是较为简单的一种模型，并在过去的几十年里已被广泛地应用于组分扩散问题的研究中。后续学者研究发现，基于上述定律的模型仅适用于两组分体系或者存在一种稀疏组分的三组分体系，并不能捕捉到实际混合物体系中存在的反常扩散现象。为了解释在多组分混合物中观察到的这种复杂扩散行为，那就必须考虑基于 Maxwell-Stefan 理论的扩散方程[25,26]。然而，针对多种组分构成的混合物系统，这类宏观模型实质上是由一系列耦合的非线性偏微分方程构成，直接对其进行解析求解非常困难。同时，线性化理论的近似求解方法需要将有效扩散率视为常数，进一步将 Maxwell-Stefan 方程线性化，再利用常规的数学方法对其进行求解，但它通常仅适用于一维问题的研究，有一定的局限性[27-29]。总之，从实验和理论的角度来研究多组分气体的输运问题均面临较大的挑战。

近年来，随着高性能技术的快速发展，数值模拟已经逐渐变成研究流体流动问题的一种主流方法，并在多组分气体输运的内部机理和流动规律研究方面发挥重要作用。根据研究尺度的不同，可以将数值方法分为以下三大类：微观层次的分子模拟方法、宏观层次的连续方法和介观层次的直接模拟方法。首先，基于牛顿定律的微观分子模拟方法[30,31]（如分子动力学方法），主要是考虑每个分子的运动和碰撞过程，并通过提供有/无反应的输运方程，以探究气体分子的输运机理。然而，受计算机资源的限制，如果描述大量气体分子的运动情形，其模拟的时间和空间尺度将十分有限[32]。其次，基于连续理论的宏观数值方法，主要是结合给定的边界条件，利用传统的数值方法（如有限体积[33]、有限元方法[34]、有限差分方法[35] 等）对宏观控制方程进行离散求解[36,37]。虽然该类方法在研究宏观流体流动时比较成熟，但针对具有多孔介质结构的复杂流动问题时，边界条件的刻画及经验参数的确定将面临较大的挑战，且并行效率较低[8,38]。同时，我们知道扩散实质上是由微观的气体分子无规则运动的结果，因此，如果我们能够设计出准确刻画分子在微观尺度上运动的动力学模型，那么就可以相应地捕捉宏观的物理现象[39]，而介观的数值模拟方法正是建立宏观流体流动和微观分子运动相联系的一种重要研究手段，包括直接模拟蒙特卡罗方法、离散速度方法和格子 Boltzmann（简称 LB）方法。

直接模拟蒙特卡罗方法[40-43] 主要通过对少量模拟粒子的运动状态进行多次采样和统计平均，得到宏观物理量以表征大量真实粒子，但在模拟低速的连续或近连续流动时效率低下，收敛速度较慢，故常用于稀薄气体输运问题的研究（该方法的实施过程详见本书第 4 章）。离散速度方法[18,19] 是利用不同的简化碰撞模型或线性化理论对 Boltzmann 方程进行化简，然后关于简化后的方程进行数值求解。尽管该方法克服了连续介质假设的局限，但由于其方法本身的复杂性，目前该方法的应用大多局限于比较简单的低维问题，尚难用于研究高维或复杂多孔介质中的多组分气体输运问题。然而，LB 方法[44-49] 作为求解 Boltzmann 方程的一种离散格式，一方面，不受连续介质假设的限制，主要通过研究微观分子的运动特性来表征宏观动力学行为，且其自身的动力学特征和微观粒子属性，也使得该方法能够更加直观地描述不同气体组分及气固间的相互作用；另一方面，该方法亦便于处理多种复杂边界，可以很容易地与并行算法结合，以求解计算量较大的复杂多孔结构问题，计算效率较高。

正是由于 LB 方法的上述优势，使得该方法在复杂结构输运问题的机理研究方面具有极大潜力，已被用于多组分混合气体输运过程的研究。事实上，Boltzmann 方程可以描述不同尺度下气体分子分布函数的时空演变，且基于此发展而来的动理学模型通常被认为具有坚实的物理基础，故分布函数一旦知道，通过流动变量与分布函数之间的关系，即可得到系统的宏观流动信息。然而，为了简化 Boltzmann 方程碰撞算子涉及的复杂非线性积分，部分学者分别基于 Sirovich 理论[50,51]、Hamel 理论[52,53]、拟平衡态理论[54-56] 提出了多种简化的等温多组分 LB 模型。本章中，我们将重点针对前两种理论发展而来的部分 LB 模型加以介绍，针对拟平衡态理论提出的相关模型可参看相关书籍[47,48,57-59]。

5.2 经典的两流体格子 Boltzmann 模型

由于多组分系统不仅存在同类分子之间的碰撞，还存在异类分子之间的相互作用，因此基于动理学理论，混合气体的 Boltzmann 方程一般可表示为如下形式[50-61]：

$$\partial_t f^\sigma(\boldsymbol{x},\boldsymbol{\xi},t) + \boldsymbol{\xi} \cdot \nabla f^\sigma(\boldsymbol{x},\boldsymbol{\xi},t) + \boldsymbol{a}^\sigma \cdot \nabla_\xi f^\sigma(\boldsymbol{x},\boldsymbol{\xi},t) = Q^{\sigma\sigma}(f^\sigma,f^\sigma) + \sum_{\sigma \neq \zeta} Q^{\sigma\zeta}(f^\sigma,f^\zeta)$$

$$(5-3)$$

式中：$Q^{\sigma\zeta} = Q^{\zeta\sigma} = \int \kappa_{\sigma\zeta} \parallel \xi_B - \xi_A \parallel [f'^\sigma f'^\zeta - f^\sigma f^\zeta] \mathrm{d}\xi_\zeta \mathrm{d}\Omega$[62,63]，这里

$\kappa_{\sigma\zeta}$——$\sigma - \zeta$ 组分之间碰撞的微分截面；

Ω——立体角；

f'^σ（或 f'^ζ）和 f^σ（或 f^ζ）——分别表示粒子 σ（或 ζ）碰撞后和碰撞前速度分布函数；

a^σ——组分所受的外力加速度。

显然，对于一个 N 组分系统，会有 N 个形如式（5-3），且每个方程的右边都包含 N 个交叉碰撞项，因此研究多组分气体系统要比单组分体系复杂得多。为了简单又不失一般性，这里我们以两组分系统为例来介绍经典的两流体格子玻尔兹曼模型。因此，该两组分系统可以简化为如下两个联立方程组：

$$\partial_t f^A(\boldsymbol{x},\boldsymbol{\xi},t) + \xi \cdot \nabla f^A(\boldsymbol{x},\boldsymbol{\xi},t) + a^A \cdot \nabla_\xi f^A(\boldsymbol{x},\boldsymbol{\xi},t) = Q^{AA}(f^A,f^A) + Q^{AB}(f^A,f^B)$$

$$\partial_t f^B(\boldsymbol{x},\boldsymbol{\xi},t) + \xi \cdot \nabla f^B(\boldsymbol{x},\boldsymbol{\xi},t) + a^B \cdot \nabla_\xi f^B(\boldsymbol{x},\boldsymbol{\xi},t) = Q^{BB}(f^A,f^A) + Q^{BA}(f^A,f^B)$$

$$(5-4)$$

式中：A，B——分别代表两种不同的气体组分；

Q^{AA}，Q^{BB}——同种组分的自碰撞项；

$Q^{AB} = Q^{BA}$——代表不同组分之间的交叉碰撞项。然而，鉴于碰撞项中自身积分形式的复杂性，如何关于其建立符合物理意义的合理近似是开展数值建模的首要关键所在。

5.2.1 原始的两流体格子 Boltzmann 模型

基于 Sirovich 提出的 BGK 模型[50]，Luo 和 Girimaji 首次构造了基于 Boltzmann 方程的等温两组分 LB 模型[64,65]，其中自碰撞项采用 Bhatnagar - Gross - Kook

（BGK）形式进行近似，而交叉碰撞项关于分布函数 f^σ 进行 Maxwellian 展开，则可得到如下的两流体 LB 模型：

$$f_\alpha^\sigma(x_i + e_\alpha\delta_t, t + \delta_t) - f_\alpha^\sigma(x_i, t) = J_\alpha^{\sigma\sigma} + J_\alpha^{\sigma\zeta} - F_\alpha^\sigma\delta_t \tag{5-5}$$

其中：

$$J_\alpha^{\sigma\sigma} = -\frac{1}{\tau_\sigma}[f_\alpha^\sigma - f_\alpha^{\sigma(0)}]$$

$$J_\alpha^{\sigma\zeta} = -\frac{1}{\tau_D}\frac{\rho_\zeta}{\rho}\frac{f_\alpha^{\sigma(eq)}}{R_\sigma T}(e_\alpha - u)\cdot(u_\sigma - u_\zeta)$$

$$F_\alpha^\sigma = -w_\alpha\rho_\sigma\frac{e_\alpha\cdot a_\sigma}{R_\sigma T} \tag{5-6}$$

这里：

$$f_\alpha^{\sigma(0)} = f_\alpha^{\sigma(eq)}\left[1 + \frac{1}{c_s^2}(e_\alpha - u)\cdot(u_\sigma - u)\right]$$

$$f_\alpha^{\sigma(eq)} = w_\alpha\rho_\sigma\left[1 + \frac{e_\alpha\cdot u}{c_s^2} + \frac{(e_\alpha\cdot u)^2}{2c_s^4} - \frac{u^2}{c_s^2}\right] \tag{5-7}$$

以常见的二维九速离散速度空间模型为例，即：

$$e_\alpha = \begin{pmatrix} 0 & 1 & 0 & -1 & 0 & 1 & -1 & -1 & 1 \\ 0 & 0 & 1 & 0 & 1 & 1 & 1 & -1 & -1 \end{pmatrix}, \omega_\alpha = \begin{cases} \dfrac{4}{9}, \alpha = 0 \\[2mm] \dfrac{1}{9}, \alpha = 1-4, c_s^2 = \dfrac{c^2}{3} \\[2mm] \dfrac{1}{36}, \alpha = 5-8 \end{cases}$$

$$\tag{5-8}$$

则有分布函数所满足的各阶矩条件如下：

$$\rho_\sigma = \sum_\alpha f_\alpha^\sigma = \sum_\alpha f_\alpha^{\sigma(0)} \qquad \rho_\sigma u_\sigma = \sum_\alpha f_\alpha^\sigma e_\alpha = \sum_\alpha f_\alpha^{\sigma(0)} e_\alpha$$

$$\rho = \rho_\sigma + \rho_S \qquad \rho u = \rho_\sigma u_\sigma + \rho_\zeta u_\zeta \tag{5-9}$$

且

$$\sum_\alpha J_\alpha^{\sigma\sigma} = \sum_\alpha J_\alpha^{\zeta\sigma} = \sum_\alpha F_\alpha^\sigma = 0 \qquad \sum_\alpha J_\alpha^{\sigma\sigma} e_\alpha = 0$$

$$\sum_\alpha J_\alpha^{\zeta\sigma} e_\alpha = -(1/\tau_D)(\rho_\sigma\rho_\zeta/\rho)(u_\sigma - u_\zeta) \qquad \sum_\alpha F_\alpha^\sigma e_\alpha = -\rho_\sigma a_\sigma \tag{5-10}$$

进而，通过理论 Chapman-Enskog 分析可得上述模型对应的单组分的宏观方程为：

$$\partial_t\rho_\sigma + \nabla\cdot(\rho_\sigma u_\sigma) = \frac{1}{2}\nabla\cdot\left[\frac{\rho_\sigma\rho_S}{\tau_D\rho}(u_\sigma - u_\zeta)\right] \tag{5-11}$$

$$\rho_\sigma \partial_t u_\sigma + \rho_\sigma u_\sigma \cdot \nabla u_\sigma = -\nabla p_\sigma + \rho_\sigma \nu_\sigma \nabla^2 u_\sigma + \rho_\sigma a_\sigma - \frac{1}{\tau_D \delta_t} \frac{\rho_\sigma \rho_\zeta}{\rho}(u_\sigma - u_\zeta)$$

$$(5-12)$$

从而可得混合气体的流动 Navier–Stokes 方程为：

$$\partial_t \rho + \nabla \cdot (\rho \boldsymbol{u}) = 0$$

$$\rho \partial_t \boldsymbol{u} + \rho \boldsymbol{u} \cdot \nabla \boldsymbol{u} = -\nabla p + \nabla \cdot \boldsymbol{\Pi} + \rho \boldsymbol{a} \qquad (5-13)$$

其中：

$$p = k_B T(n_\sigma + n_\zeta), \rho \boldsymbol{a} = \rho_\sigma \boldsymbol{a}_\sigma + \rho_\zeta \boldsymbol{a}_\zeta$$

$$\boldsymbol{\Pi} = \sum_\sigma \rho_\sigma \nu_\sigma [(\nabla u_\sigma) + (\nabla u_\sigma)^\dagger] \approx (\rho_\sigma \nu_\sigma + \rho_\zeta \nu_\zeta)[(\nabla \boldsymbol{u}) + (\nabla \boldsymbol{u})^\dagger] \quad (5-14)$$

又由于 $\boldsymbol{j}_\sigma = \rho_\sigma(u_\sigma - u) = \frac{\rho_\sigma \rho_\zeta}{\rho}(u_\sigma - u_\zeta) = -\tau_D \delta t p \boldsymbol{d}_\sigma$，则式（5-11）可以改写为：

$$\partial_t \rho_\sigma + \boldsymbol{u} \cdot \nabla \rho_\sigma = \nabla \cdot \tau_D^* \delta_t p d_\sigma, \tau_D^* = \left(\tau_D - \frac{1}{2}\right) \qquad (5-15)$$

这里：

$$\boldsymbol{d}_\sigma = \frac{\rho_\sigma \rho_s}{\rho p}\left[\left(\frac{1}{\rho_\sigma}\nabla p_\sigma - \frac{1}{\rho_\zeta}\nabla p_\zeta\right) - (\boldsymbol{a}_\sigma - \boldsymbol{a}_\zeta)\right] \qquad (5-16)$$

结合[66]：

$$(\boldsymbol{u}_\sigma - \boldsymbol{u}_\zeta) = -\frac{n^2}{n_\sigma n_\zeta} D_{\sigma\zeta} \boldsymbol{d}_\sigma \qquad (5-17)$$

可知两组分的相互扩散系数为：

$$D_{\sigma\zeta}^* = \frac{\rho k_B T}{n m_\sigma m_\zeta}\left(\tau_D - \frac{1}{2}\right)\delta_t = \frac{\rho k_B T}{n m_\sigma m_\zeta}\tau_D^* \delta_t \qquad (5-18)$$

  然而，需要指出的是，上述模型假设不同分子质量的气体组分具有相同的移动速度 c，因此根据系统总压力等于各个组分分压之和，即 $p = (\rho_\sigma + \rho_\zeta)c_s^2$，我们发现，当系统压力保持恒定不变时，计算区域每个格点上的两种组分的气体密度之和必须恒为常数，但这一要求在处理不同分子质量比的两组分气体时往往不能保证。因此，虽然上述两流体模型基于严格的动理学理论，但局限于组分分子质量相同的情形[47,48]。

5.2.2　改进的两流体格子 Boltzmann 模型

  为了克服上述原始两流体模型中，不能处理具有不同分子质量比的两组分混合气体输运的问题，McCracken 和 Abraham[67,68] 合作提出了两种改进的方法，分别为不同格子速度（即 Different Lattice Speed，简称 DLS）方法和相同格子速度

（即 Same Lattice Speed，简称 SLS）方法。前者主要假设不同组分具有不同的格子速度，故两种组分在时间步长相同时迁移距离会不相同；同时，后者主要通过调节平衡态分布函数中的常数使得不同分子质量的气体具有相同的格子速度。二者不同的是，DLS 方法由于两组分单位时间步长内流动距离的不同，某种组分会在相同时间内不能流动到格点，因此为了同步更新每个流体格点的信息，往往在迭代过程中需要额外的二阶插值格式。

此外，鉴于状态方程满足 $p = \rho_\sigma c_s^{\sigma 2} + \rho_\zeta c_s^{\zeta 2}$，为了消除浓度差引起的压力梯度，两种组分的格子声速需满足 $m_\zeta c_s^{\sigma 2} = m_\sigma c_s^{\zeta 2}$，故有 $c^\zeta = \sqrt{\dfrac{m_\sigma}{m_\zeta}} c^\sigma = \sqrt{\dfrac{m_\sigma}{m_\zeta}} \dfrac{\delta x}{\delta t}$（其中 $c_s^\sigma = \dfrac{c^\sigma}{\sqrt{3}}$），此时组分的分布函数（5-7）和离散速度集（5-8）将分别修正为：

$$f_\alpha^{\sigma(0)} = \left[1 + \frac{1}{c_s^{\sigma 2}} (e_\alpha^\sigma - u) \cdot (u_\sigma - u) \right] f_\alpha^{\sigma(eq)}$$

$$f_\alpha^{\sigma(eq)} = w_\alpha \rho_\sigma \left[1 + \frac{e_\alpha^\sigma \cdot u}{c_s^{\sigma 2}} + \frac{(e_\alpha^\sigma \cdot u)^2}{2 c_s^{\sigma 4}} - \frac{u \cdot u}{2 c_s^{\sigma 2}} \right] \quad (5\text{-}19)$$

$$e_\alpha^\sigma = \begin{cases} (0,0), & \alpha = 0 \\[2mm] \left(\cos \left[\dfrac{(\alpha - 1)\pi}{2} \right], \sin \left[\dfrac{(\alpha - 1)\pi}{2} \right] \right) c^\sigma, & \alpha = 1 - 4 \\[2mm] \sqrt{2} \left(\cos \left[\dfrac{(\alpha - 5)\pi}{2} + \dfrac{\pi}{4} \right], \sin \left[\dfrac{(\alpha - 5)\pi}{2} + \dfrac{\pi}{4} \right] \right) c^\sigma, & \alpha = 5 - 8 \end{cases}$$

$$(5\text{-}20)$$

此时：

$$p = \rho_\sigma c_s^{\sigma 2} + \rho_\zeta c_s^{\zeta 2} = \frac{1}{3} \left(\rho_\sigma + \frac{m_\sigma}{m_\zeta} \rho_\zeta \right) \left(\frac{\delta x}{\delta t} \right)^2 \quad (5\text{-}21)$$

值得注意的是，在 σ 组分流动距离为 δx 时，ζ 组分的流动距离为 $\sqrt{\dfrac{m_\sigma}{m_\zeta}} \delta x$。

因此，当划分计算区域的网格步长为 $\sqrt{\dfrac{m_\sigma}{m_\zeta}} \delta x$ 时（假设 $m_\sigma > m_\zeta$），ζ 组分会在单位时间步长内流动到下一个整网格点，而 σ 组分会在相同时间间隔内从网格点 (x, y) 流动到非网格点 (a, a') 的位置（图 5-1），因此他们提出选取如下的二阶拉格朗日插值格式来更新流体点的信息：

$$f_\alpha^\sigma(x) = \frac{(x-b)(x-c)}{(a-b)(a-c)} f_\alpha^\sigma(a) + \frac{(x-a)(x-c)}{(b-a)(b-c)} f_\alpha^\sigma(b) + \frac{(x-a)(x-b)}{(c-a)(c-b)} f_\alpha^\sigma(c)$$

$$(5\text{-}22)$$

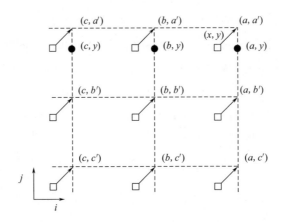

图 5-1 σ 组分沿 $i=5$ 格子速度方向流动和插值的示意图（以 D2Q9 为例）

实（空）方形标识代表网格点，实（空）圆形标识代表流动后达到的非网格点

具体的计算方法如下：先利用一次式（5-20）的插值格式计算处实心原点处分布函数的值，进而关于三个实心原点在利用上述插值格式计算网格点（x,y）处的分布函数值。此外，经过数值验证，上述算法可以准确刻画质量比小于等于 9 的两组分混合气体的输运问题。

随后，鉴于 McCracken 等人模型中二阶非线性拉格朗日插值格式的复杂性，Joshi 等人[69-73] 指出可以用更为简单的双线性插值格式进行替代：

$$F_O = (1 - \xi)(1 - \eta)F_1 + \xi(1 - \eta)F_2 + (1 - \xi)\eta F_3 + \xi\eta F_4 \quad (5-23)$$

式中：F_i（$i = 1{\sim}4$）——分别为网格点周围四个非网格点处的值；

ξ——线性组合的距离系数（图 5-2）；

η——线性组合的距离系数（图 5-2）。

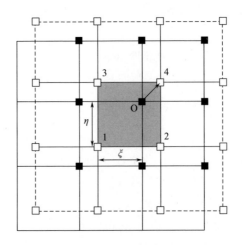

图 5-2 沿 $i=5$ 格子速度方向的双线性插值格式示意图

　　综上，遵循不同分子质量组分的气体具有不同迁移速度的物理原则，学者们通过在原始的双流体模型中引入非线性拉格朗日插值或者双线性插值，发现可以模拟具有不同分子质量比的两组分混合气体。但是，数值研究结果发现，这类算法能够模拟的分子质量比仍然有限，且每次迭代过程中插值格式的使用会极大地降低算法的计算效率，因此，寻求更加简单高效的 LB 算法是开展两组分（或者多组分）气体输运规律研究的关键。

5.3　两组分气体扩散的格子 Boltzmann 方法研究

　　基于 Hamel 理论，Asinari 等人[74-76]构造了另一类等温两组分 LB 模型。不同于上一节中的两流体模型，该类模型交叉碰撞项中平衡态分布函数所涉及的组分速度取为混合流体的速度，故描述两组分气体的连续 Boltzmann 方程（5-3）可以由如下 BGK 形式进行近似：

$$\frac{\partial f_s}{\partial t} + \boldsymbol{\xi} \cdot \nabla f_s + \boldsymbol{a}_s \cdot \nabla_\xi f_s - \frac{1}{\tau_s}[f_s - f_{ss}^{(eq)}] - \frac{1}{\tau_m}[f_s - f_{sm}^{(eq)}] = -\frac{1}{\tau}[f_s - f_s^{(0)}]$$

$$(5-24)$$

式中：$f_s^{(0)} = (1 - \alpha_s)f_s^{(eq)} + \alpha_s f_{sm}^{(eq)}$，$\alpha_s = \tau_s/(\tau_s + \tau_m)$，$\tau = \tau_s \tau_m/(\tau_s + \tau_m)$。

　　进一步关于式（5-24）进行时间和空间离散，易有：

$$f_{si}(\boldsymbol{x} + \boldsymbol{c}_{si}\delta_t, t + \delta_t) - f_{si}(\boldsymbol{x}, t) = -\frac{\delta_t}{\tau}[f_{si} - f_{si}^{(0)}] + F_{si}\delta_t \qquad (5-25)$$

式中：F_{si}——源于加速度 $\boldsymbol{a}_s$ 的外力项。

　　与 5.2 节中双流体模型对比，上述模型中自碰撞项与交叉碰撞项可以统一为更为简单的单松弛格式，克服了上述多流体模型在表征多个组分相互作用时，形式繁杂的缺点[77]。然而，由于模型中仍采用了与组分质量相关的离散速度，所以不可避免的在处理不同分子质量的两组分气体输运的问题时，仍需要进行两套网格间的插值处理。此外，由于单松弛模型的使用，也进一步导致模型的 Prandtl 数和 Schmidt 数不可调。因此，如何在上述模型基础上，发展可以同一套网格上演化的两组分 LB 模型，是建立高效求解算法的重中之重。

　　随后，为了克服这一问题，Zheng 等人[39]在 Guo 等人[77]工作的基础上，针对两组分混合物提出了一种多松弛的有限差分 LB 模型。数值研究结果也表明，通过调节该多松弛模型中的自由松弛参数，可以用来研究含有不同粘性的混合物气体，且 Schmidt 数可调[39,78]。此外，Lax-Wendroff（简称 LW）格式的使用也使得该模型在研究具有不同分子质量的混合物时，能够使不同组分的气体在同一套网格上演化，计算简单而高效[39,79]。然而，该模型仅适用于两组分混合物，不能用于多组分气体的研究。接下来，虽然 Xu 等人[79-83]借鉴关于两组分的双流体理论[64,65]和 LW 格式[39]的思想，针对多组分气体进行了研究，但是其针对多组分的理论分析仍不完善。

本节我们将在前人研究[39]的基础上，通过详细的 Chpamn-Enskog 分析，首先提出了我们的两组分广义迁移 LB（即 General Propagation Lattice Boltzmann Model，简称 GPLB）模型。然后，结合混合边界的反弹边界处理格式，进一步将上述模型推广到多孔介质中两组分气体扩散规律的研究。

5.3.1 两组分气体扩散的广义迁移格子玻尔兹曼模型

针对描述多组分混合气体传输的多松弛形式的离散格子 Boltzmann 方程：

$$\frac{\partial g_{\sigma i}}{\partial t} + \boldsymbol{c}_{\sigma i} \cdot \nabla g_{\sigma i} = \boldsymbol{S}_{\sigma ij}(g_{\sigma j} - g_{\sigma j}^{eq}) + R_{\sigma i}, \sigma = 1, 2 \qquad (5-26)$$

利用时间分裂方法，上述方程可以表示为如下的两个子步的形式[39,84,85]：

$$\frac{\partial g_{\sigma_i}}{\partial t} = \boldsymbol{S}_{\sigma_{ij}}(g_{\sigma_j} - g_{\sigma_j}^{eq}) + R_{\sigma_i} \qquad [5-27 (a)]$$

$$\frac{\partial g_{\sigma_i}}{\partial t} + \boldsymbol{c}_{\sigma_i} \cdot \nabla g_{\sigma_i} = 0 \qquad [5-27 (b)]$$

式中：$g_{\sigma i}$，$g_{\sigma i}^{eq}$——σ 组分关于离散速度 i 方向的分布函数和平衡态分布函数；

$R_{\sigma i}$——关于 σ 组分的离散源项分布函数；

S_σ——刻画多组分交叉扩散的一个有效碰撞矩阵（这里针对两组分的混合气体其为一个 2×2 的矩阵），其等价形式为 $S_\sigma = \sum_\xi S_{\sigma\xi}$，$\xi = a$，$b$。另外，$c_{\sigma i}$ 为 σ 组分的离散速度方向集合，且与分子速度 c_σ 的关系为：$c_{\sigma i} = c_\sigma e_i = A_\sigma c e_i (0 < A_\sigma \leqslant 1)$。

式中：$c = \sqrt{3RT} = \Delta x / \Delta t$。

其中：R 为气体常数。值得注意的是，类似 Zheng 等人关于两组分 LB 模型的构造，为了恢复多组分传输的宏观控制方程，这里我们选取的平衡态分布函数及外力项的分布函数分别如下[39]：

$$g_{\sigma_i}^{eq} = w_i \rho_\sigma \left\{ 1 + \frac{\boldsymbol{c}_{\sigma i} \cdot \boldsymbol{u}}{c_{s\sigma}^2} + \frac{\boldsymbol{uu} : (\boldsymbol{c}_{\sigma i} \boldsymbol{c}_{\sigma i} - c_{s\sigma}^2 \boldsymbol{I})}{2c_{s\sigma}^4} \right\} \qquad (5-28)$$

$$R_{\sigma_i} = w_i \rho_\sigma \left\{ \frac{\boldsymbol{c}_{\sigma i} \cdot \boldsymbol{a}_\sigma}{c_{s\sigma}^2} + \frac{\boldsymbol{a}_\sigma \boldsymbol{u} : (\boldsymbol{c}_{\sigma i} \boldsymbol{c}_{\sigma i} - c_{s\sigma}^2 \boldsymbol{I})}{c_{s\sigma}^4} \right\} \tag{5-29}$$

式中：　　ρ_σ —— σ 组分的质量密度；

$\boldsymbol{a}_\sigma = (a_{\sigma x}, a_{\sigma y})$ ——作用在 σ 组分上的外力；

　$\boldsymbol{u} = (u_x, u_y)$ ——等温条件下混合物的平均速度；

　　　　w_i ——离散速度模型的权系数。

以常见的 $D2Q9$ 格子模型为例，$\{\boldsymbol{e}_i, i = 0, \cdots, 8\} = \{(0, 0), (\pm 1, 0),$ $(0, \pm 1), (\pm 1, \pm 1)\}$，$\omega_0 = 4/9$，$\omega_{1\sim4} = 1/9$，$\omega_{5\sim8} = 1/36$，$c_s^2 = c^2/3$，$c_{s\sigma}^2 = c_\sigma^2/3$。此外，由式（5-28）和式（5-29）易知，当前的分布函数满足：

$$\rho_\sigma = \sum_i g_{\sigma_i}, \rho = \sum_\sigma \rho_\sigma, \rho \boldsymbol{u} = \sum_{\sigma i} \boldsymbol{c}_{\sigma i} g_{\sigma_i} \tag{5-30}$$

式中：ρ ——混合物的质量密度。

不同于 Zheng 等人[39] 利用 LW 格式构造两组分模型的方式，这里，针对公式［5-27（a）］和式［5-27（b）］分别使用显式欧拉格式和两层三点的显格式进行离散，我们可得如下包含多组分的广义迁移 LB 模型如下：

$$g_{\sigma_i}^+ = g_{\sigma_i} - \Delta t \boldsymbol{S}_{\sigma_{ij}} (g_{\sigma_j} - g_{\sigma_j}^{eq}) + \Delta t R_{\sigma_i} \tag{5-31 (a)}$$

$$g_{\sigma_i}(\boldsymbol{x}, t + \Delta t) = p_{\sigma,0} g_{\sigma_i}^+(\boldsymbol{x}, t) + p_{\sigma,-1} g_{\sigma_i}^+(\boldsymbol{x} - \boldsymbol{L}_i, t) + p_{\sigma,1} g_{\sigma_i}^+(\boldsymbol{x} + \boldsymbol{L}_i, t)$$

$$\tag{5-31 (b)}$$

式中：参数 $p_{\sigma,0}$，$p_{\sigma,-1}$，$p_{\sigma,1}$ 相互之间满足约束关系 $p_{\sigma,0} + p_{\sigma,-1} + p_{\sigma,1} = 1$，$p_{\sigma-1} - p_{\sigma1} = A_\sigma = |\boldsymbol{c}_{\sigma i}| \Delta t | \boldsymbol{L}_i |$，$\boldsymbol{L}_i = \Delta x \boldsymbol{e}_i$。

又由于该三个自由参数之间线性相关，易知式［5-31（b）］等价于：

$$g_{\sigma_i}(\boldsymbol{x}, t + \Delta t) = g_{\sigma_i}^+(\boldsymbol{x}, t) - \frac{A_\sigma}{2} [g_{\sigma_i}^+(\boldsymbol{x} + \boldsymbol{L}_i, t) - g_{\sigma_i}^+(\boldsymbol{x} - \boldsymbol{L}_i, t)] +$$

$$\tag{5-32}$$

$$\frac{q_\sigma}{2} [g_{\sigma_i}^+(\boldsymbol{x} + \boldsymbol{L}_i, t) - 2 g_{\sigma_i}^+(\boldsymbol{x}, t) + g_{\sigma_i}^+(\boldsymbol{x} - \boldsymbol{L}_i, t)]$$

这里两个自由参数 A_σ，q_σ 与参数 $p_{\sigma,i}(i = -1, 0, 1)$ 满足关系 $p_{\sigma,0} = 1 - q_\sigma$，$p_{\sigma,1} = (q_\sigma - A_\sigma)/2$，$p_{\sigma,-1} = (q_\sigma + A_\sigma)/2$。此外，由 Von-Neumann 稳定性分析的知识易知[84,85]，此时 q_σ 仍然需要满足稳定性条件 $A_\sigma^2 \leqslant q_\sigma \leqslant 1$。

下面，我们将基于上述描述多组分扩散的广义迁移 LB 模型，并通过 Chapman-Enskog 分析来恢复宏观的控制方程。

首先，我们关于密度的分布函数 g_i，离散源项 a_σ 及其分布函数 $R_{\sigma i}$，时间和空间的导数项分别做如下的多尺度展开有：

$$g_{\sigma i} = g_{\sigma i}^{(0)} + \varepsilon g_{\sigma i}^{(1)} + \varepsilon^2 g_{\sigma i}^{(2)} + \cdots$$

$$\boldsymbol{a}_\sigma = \varepsilon \boldsymbol{a}_\sigma^{(1)},$$

$$R_{\sigma i} = \varepsilon R_{\sigma i}^{(1)},$$ (5-33)

$$\partial_t = \varepsilon \partial_{t_1} + \varepsilon^2 \partial_{t_2}, \nabla = \varepsilon \nabla_1$$

式中：ε——克努森数（$Kn = L/\lambda$）量级的一个展开系数。

另外，根据 Taylor 展开的知识，我们可以同时对 $g_{\sigma i}^+(\boldsymbol{x} + \boldsymbol{L}_i, t)$ 和 $g_{\sigma i}^+(\boldsymbol{x} - \boldsymbol{L}_i, t)$ 在 $(\boldsymbol{x}, t)$ 点处展开到二阶如下：

$$g_{\sigma i}^+(\boldsymbol{x} + \boldsymbol{L}_i, t) = g_{\sigma i}^+(\boldsymbol{x}, t) + \boldsymbol{L}_i \cdot \nabla g_{\sigma i}^+(\boldsymbol{x}, t) + \frac{1}{2}(\boldsymbol{L}_i \cdot \nabla)^2 g_{\sigma i}^+(\boldsymbol{x}, t) \quad [5\text{-}34（a）]$$

$$g_{\sigma i}^+(\boldsymbol{x} - \boldsymbol{L}_i, t) = g_{\sigma i}^+(\boldsymbol{x}, t) - \boldsymbol{L}_i \cdot \nabla g_{\sigma i}^+(\boldsymbol{x}, t) + \frac{1}{2}(\boldsymbol{L}_i \cdot \nabla)^2 g_{\sigma i}^+(\boldsymbol{x}, t) \quad [5\text{-}34（b）]$$

然后，将式（5-34）代入式（5-32），并结合式 [5-31（a）]，我们化简可得：

$$g_{\sigma_i}(\boldsymbol{x}, t + \Delta t) = [g_{\sigma_i} - \Delta t S_{\sigma_{ij}}(g_{\sigma_j} - g_{\sigma_j}^{eq}) + \Delta t R_{\sigma_i}] -$$

$$\Delta t(\boldsymbol{c}_{\sigma i} \cdot \nabla)[g_{\sigma_i} - \Delta t S_{\sigma_{ij}}(g_{\sigma_j} - g_{\sigma_j}^{eq}) + \Delta t R_{\sigma_i}] + \quad (5\text{-}35)$$

$$\tau_\sigma' \Delta t^2 (\boldsymbol{c}_{\sigma i} \cdot \nabla)^2 [g_{\sigma_i} - \Delta t S_{\sigma_{ij}}(g_{\sigma_j} - g_{\sigma_j}^{eq}) + \Delta t R_{\sigma_i}]$$

这里，$\tau_\sigma' = q_\sigma/A_\sigma^2$ 且 $(\boldsymbol{c}_{\sigma i} \cdot \nabla)^2 = \boldsymbol{c}_{\sigma i}\boldsymbol{c}_{\sigma i} : \nabla\nabla$。又由 $g_{\sigma i}(x, t + \Delta t)$ 在 $(\boldsymbol{x}, t)$ 点处的 Taylor 展开为：

$$g_{\sigma_i}(\boldsymbol{x}, t + \Delta t) = g_{\sigma_i}(\boldsymbol{x}, t) + \Delta t \partial_t g_{\sigma_i}(\boldsymbol{x}, t) + \frac{\Delta t^2}{2} \partial_t^2 g_{\sigma_i}(\boldsymbol{x}, t) + O(\Delta t^3) \quad (5\text{-}36)$$

联立式（5-35）和式（5-36），我们可得：

$$D_{\sigma_i} g_{\sigma_i} + \frac{\Delta t}{2}(\partial_t^2 - 2\tau_\sigma' \boldsymbol{c}_{\sigma_i}\boldsymbol{c}_{\sigma_i} : \nabla\nabla) g_{\sigma_i}$$

$$= -(1 - \Delta t \boldsymbol{c}_{\sigma_i} \cdot \nabla + \tau_\sigma' \Delta t^2 \boldsymbol{c}_{\sigma_i}\boldsymbol{c}_{\sigma_i} : \nabla\nabla) S_{\sigma_{ij}}(g_{\sigma_j} - g_{\sigma_j}^{eq}) + \quad (5\text{-}37)$$

$$(1 - \Delta t \boldsymbol{c}_{\sigma_i} \cdot \nabla + \tau_\sigma' \Delta t^2 \boldsymbol{c}_{\sigma_i}\boldsymbol{c}_{\sigma_i} : \nabla\nabla) R_{\sigma_i}$$

这里记 $D_i = \partial_t + (\boldsymbol{c}_i \cdot \nabla)$。接下来，我们将多尺度展开式（5-33）代入式（5-37），即可得关于 ε 不同尺度上的方程为：

$$O(\varepsilon^0) : g_{\sigma_i}^{(0)} = g_{\sigma_i}^{eq} \quad [5\text{-}38（a）]$$

$$O(\varepsilon^1) : D_{1\sigma i} g_{\sigma_i}^{(0)} = -S_{\sigma_{ij}} g_{\sigma_j}^{(1)} + R_{\sigma_i}^{(1)} \quad [5\text{-}38（b）]$$

$$O(\varepsilon^2) : \partial_{t_2} g_{\sigma_i}^{(0)} + D_{1\sigma i}\left(I - \frac{\Delta t S_{\sigma_{ij}}}{2}\right) g_{\sigma_i}^{(1)} - \Delta t\left(\tau_\sigma' - \frac{1}{2}\right)(\boldsymbol{c}_{\sigma_i}\boldsymbol{c}_{\sigma_i} : \nabla_1\nabla_1) g_{\sigma_i}^{(0)}$$

$$= -S_{\sigma_{ij}}g_{\sigma_j}^{(2)} - \frac{\Delta t}{2}D_{1\sigma i}R_{\sigma_i}^{(1)} \qquad [5\text{-}38(\text{c})]$$

式中：$D_{1\sigma i} = \partial_{t1} + c_{\sigma i}\cdot\nabla_1$。此外，从式［5-38（c）］中我们可以明显发现，当 $\tau_\sigma' = 1/2$ 时，上述尺度方程即可退化为 SLBGK 模型（$A_\sigma = q_\sigma = 1$）或 LW 格式（$q_\sigma = A_\sigma^2$）的情形，且对比发现，该公式与文献［39］中的等式（26）一致，因此当前模型可以视为更加一般化的模型。

其次，鉴于上述速度空间的碰撞可以变换到相应的矩空间，且又考虑到当前针对各个不同组分的气体具有相异的分子速度 c_σ，因此我们可以通过引入一个变换矩阵 $M_\sigma = C_d^\sigma M_0$，这里（简单起见，仅以 D2Q9 格子模型为例）：

$$C_d^\sigma = \mathrm{diag}(c_\sigma^0, c_\sigma^2, c_\sigma^4, c_\sigma, c_\sigma^3, c_\sigma, c_\sigma^3, c_\sigma^2, c_\sigma^2) \qquad [5\text{-}39(\text{a})]$$

$$M_0 = \begin{pmatrix} 1 & 1 & 1 & 1 & 1 & 1 & 1 & 1 & 1 \\ -4 & -1 & -1 & -1 & -1 & 2 & 2 & 2 & 2 \\ 4 & -2 & -2 & -2 & -2 & 1 & 1 & 1 & 1 \\ 0 & 1 & 0 & -1 & 0 & 1 & -1 & -1 & 1 \\ 0 & -2 & 0 & 2 & 0 & 1 & -1 & -1 & 1 \\ 0 & 0 & 1 & 0 & -1 & 1 & 1 & -1 & -1 \\ 0 & 0 & -2 & 0 & 2 & 1 & 1 & -1 & -1 \\ 0 & 1 & -1 & 1 & -1 & 0 & 0 & 0 & 0 \\ 0 & 0 & 0 & 0 & 0 & 1 & -1 & 1 & -1 \end{pmatrix} \qquad [5\text{-}39(\text{b})]$$

并将上述矩阵作用于原速度空间的分布函数 g_σ，即得一个新的速度矩 $F_\sigma = M_\sigma g_\sigma = (F_{\sigma0}, F_{\sigma1}, \cdots, F_{\sigma8})$。相应地，$g_\sigma = M_\sigma^{-1}F_\sigma = (g_{\sigma0}, g_{\sigma1}, \cdots, g_{\sigma8})$，故原碰撞方程［5-31（a）］可以改写为：

$$g_\sigma^+ = M_\sigma^{-1}\big[F_\sigma - \Delta t(M_\sigma S_\sigma M_\sigma^{-1})(F_\sigma - F_\sigma^{eq}) + \Delta t\overline{R}_\sigma\big] \qquad (5\text{-}40)$$

其中：

$$\overline{R}_\sigma = [I - \Delta t(M_\sigma S_\sigma M_\sigma^{-1})/2]\widetilde{R}_\sigma,$$

且：

$$\begin{cases} \rho_\sigma = \sum_i g_{\sigma_i} \\ \rho_\sigma u = \sum_i c_{\sigma i}g_{\sigma_i} + \frac{\Delta t}{2}\rho_\sigma a_\sigma \end{cases}, \quad \begin{cases} \rho = \rho_a + \rho_b \\ \rho u = \rho_a u + \rho_b u \end{cases} \qquad (5\text{-}41)$$

值得说明的是，该源项 $\overline{R}_\sigma$ 形式的重新定义是由于考虑到 LB 方法中离散效应的影响[39,86]，且此时宏观量的计算格式（5-30）将变为：

$$\boldsymbol{F}_\sigma^{eq} = \boldsymbol{M}_\sigma \boldsymbol{g}_\sigma^{eq} = \rho_\sigma \begin{pmatrix} 1 \\ -2c_\sigma^2 + 3u^2 \\ c_\sigma^4 - 3c_\sigma^2 u^2 \\ u_x \\ -c_\sigma^2 u_x \\ u_y \\ -c_\sigma^2 u_y \\ u_x^2 - u_y^2 \\ u_x u_y \end{pmatrix}, \widetilde{\boldsymbol{R}}_\sigma = \boldsymbol{M}_\sigma \boldsymbol{R}_\sigma = \rho_\sigma \begin{pmatrix} 0 \\ 6\boldsymbol{a}_\sigma \cdot \boldsymbol{u} \\ -6c_\sigma^2 \boldsymbol{a}_\sigma \cdot \boldsymbol{u} \\ a_{\sigma x} \\ -c_\sigma^2 a_{\sigma x} \\ a_{\sigma y} \\ -c_\sigma^2 a_{\sigma y} \\ 2(a_{\sigma x} u_x - a_{\sigma y} u_y) \\ a_{\sigma y} u_x + a_{\sigma x} u_y \end{pmatrix} \tag{5-42}$$

同理，针对速度空间中得到的关于不同尺度上的公式（5-38）两边同时左乘矩阵 M_σ，易得：

$$O(\varepsilon^0): \boldsymbol{F}_\sigma^{(0)} = \boldsymbol{F}_\sigma^{eq} \tag{5-43（a）}$$

$$O(\varepsilon^1): \partial_{t_1} \boldsymbol{F}_\sigma^{(0)} + \left[\boldsymbol{M}_\sigma \mathrm{diag}(\boldsymbol{c}_{\sigma_i} \cdot \nabla_1) \boldsymbol{M}_\sigma^{-1}\right] \boldsymbol{F}_\sigma^{(0)} = -\widetilde{\boldsymbol{S}}_\sigma \boldsymbol{F}_\sigma^{(1)} + \left(\boldsymbol{I} - \frac{\overline{\boldsymbol{S}}_\sigma}{2}\right) \widetilde{\boldsymbol{R}}_\sigma^{(1)} \tag{5-43（b）}$$

$$O(\varepsilon^2): \partial_{t_2} \boldsymbol{F}_\sigma^{(0)} + \left[\partial_{t_1} + \boldsymbol{M}_\sigma \mathrm{diag}(\boldsymbol{c}_{\sigma_i} \cdot \nabla_1) \boldsymbol{M}_\sigma^{-1}\right] \left(\boldsymbol{I} - \frac{\overline{\boldsymbol{S}}_\sigma}{2}\right) \boldsymbol{F}_\sigma^{(1)} -$$

$$\Delta t \left(\tau_\sigma' - \frac{1}{2}\right) \left[\boldsymbol{M}_\sigma \mathrm{diag}(\boldsymbol{c}_{\sigma_i} \boldsymbol{c}_{\sigma_i} : \nabla_1 \nabla_1) \boldsymbol{M}_\sigma^{-1}\right] \boldsymbol{F}_\sigma^{(0)} \tag{5-43（c）}$$

$$= -\widetilde{\boldsymbol{S}}_\sigma \boldsymbol{F}_\sigma^{(2)} - \frac{\Delta t}{2} \left[\partial_{t_1} + \boldsymbol{M}_\sigma \mathrm{diag}(\boldsymbol{c}_{\sigma_i} \cdot \nabla_1) \boldsymbol{M}_\sigma^{-1}\right] \left(\boldsymbol{I} - \frac{\overline{\boldsymbol{S}}_\sigma}{2}\right) \widetilde{\boldsymbol{R}}_\sigma^{(1)},$$

其中：

$\widetilde{\boldsymbol{R}}_\sigma^{(1)} = \boldsymbol{M}_\sigma \boldsymbol{R}_\sigma^{(1)}$，$\boldsymbol{F}_\sigma = \boldsymbol{F}_\sigma^{(0)} + \varepsilon \boldsymbol{F}_\sigma^{(1)} + \varepsilon^2 \boldsymbol{F}_\sigma^{(2)}$，$\boldsymbol{F}_\sigma^{(1)} = \boldsymbol{M}_\sigma \boldsymbol{g}_\sigma^{(1)} = (0, e_\sigma^{(1)}, \varepsilon_\sigma^{(1)}, j_{\sigma x}^{(1)}, q_{\sigma x}^{(1)}, j_{\sigma y}^{(1)}, q_{\sigma y}^{(1)}, p_{\sigma xx}^{(1)}, p_{\sigma xy}^{(1)})$

$\boldsymbol{F}_\sigma^{(2)} = \boldsymbol{M}_\sigma \boldsymbol{g}_\sigma^{(2)}$，$\widetilde{\boldsymbol{S}}_\sigma = \boldsymbol{M}_\sigma \boldsymbol{S}_\sigma \boldsymbol{M}_\sigma^{-1} = \mathrm{diag}(\widetilde{s}_{\sigma 0}, \widetilde{s}_{\sigma 1}, \cdots, \widetilde{s}_{\sigma 8})$

$\overline{\boldsymbol{S}}_\sigma = \Delta \widetilde{\boldsymbol{S}}_\sigma = \mathrm{diag}(\overline{s}_{\sigma 0}, \overline{s}_{\sigma 1}, \cdots, \overline{s}_{\sigma 8})$

另外，易证：

$\boldsymbol{M}_\sigma \mathrm{diag}(\boldsymbol{c}_{\sigma_i} \boldsymbol{c}_{\sigma_i} : \nabla_1 \nabla_1) \boldsymbol{M}_\sigma^{-1}$

$= c_\sigma^2 \left[\boldsymbol{M}_\sigma \mathrm{diag}(\boldsymbol{e}_{\sigma_i} \boldsymbol{e}_{\sigma_i} : \nabla_1 \nabla_1) \boldsymbol{M}_\sigma^{-1}\right]$

$$= c_\sigma^2 \boldsymbol{C}_d^\sigma \{ \nabla_{1\alpha} \nabla_{1\beta} [\boldsymbol{M}_0 \mathrm{diag}(\boldsymbol{e}_{\sigma\alpha} \boldsymbol{e}_{\sigma\beta}) \boldsymbol{M}_0^{-1}] \} \boldsymbol{C}_d^{\sigma-1}$$

$$= c_\sigma^2 \boldsymbol{C}_d^\sigma \{ \nabla_{1x} \nabla_{1x} [\boldsymbol{M}_0 \mathrm{diag}(\boldsymbol{e}_{\sigma x} \boldsymbol{e}_{\sigma x}) \boldsymbol{M}_0^{-1}] + 2 \nabla_{1x} \nabla_{1y} [\boldsymbol{M}_0 \mathrm{diag}(\boldsymbol{e}_{\sigma x} \boldsymbol{e}_{\sigma y}) \boldsymbol{M}_0^{-1}] +$$

$$\nabla_{1y} \nabla_{1y} [\boldsymbol{M}_0 \mathrm{diag}(\boldsymbol{e}_{\sigma y} \boldsymbol{e}_{\sigma y}) \boldsymbol{M}_0^{-1}] \} \boldsymbol{C}_d^{\sigma-1} \qquad (5\text{-}44)$$

$$\boldsymbol{M}_\sigma \mathrm{diag}(\boldsymbol{c}_{\sigma_i} - \nabla_1) \boldsymbol{M}_\sigma^{-1}$$

$$= c_\sigma [\boldsymbol{M}_\sigma \mathrm{diag}(\boldsymbol{e}_{\sigma_i} - \nabla_1) \boldsymbol{M}_\sigma^{-1}]$$

$$= c_\sigma \boldsymbol{C}_d^\sigma \{ \nabla_{1\alpha\sigma} [\boldsymbol{M}_0 \mathrm{diag}(\boldsymbol{e}_{\sigma_\alpha}) \boldsymbol{M}_0^{-1}] \} \boldsymbol{C}_d^{\sigma-1}$$

$$= c_\sigma \boldsymbol{C}_d^\sigma \{ \nabla_{1x} [\boldsymbol{M}_0 \mathrm{diag}(\boldsymbol{e}_{\sigma_x}) \boldsymbol{M}_0^{-1}] + \nabla_{1y} [\boldsymbol{M}_0 \mathrm{diag}(\boldsymbol{e}_{\sigma_v}) \boldsymbol{M}_0^{-1}] \} \boldsymbol{C}_d^{\sigma-1} \qquad (5\text{-}45)$$

将式（5-44）代入 O（ε^1）尺度上的式 [5-43（b）]，然后提取其第 1、第 4、第 6 行，即可得 σ 组分在 t_1 尺度上的宏观方程为：

$$\partial_{t_1}\rho_\sigma + \nabla_{1x}\rho_\sigma u_x + \nabla_{1y}\rho_\sigma u_y = 0 \qquad [5\text{-}46(a)]$$

$$\partial_{t_1}\rho_\sigma u_x + \nabla_{1x}\rho_\sigma(c_{s\sigma}^2 + u_x^2) + \nabla_{1y}\rho_\sigma u_x u_y = -\widetilde{s}_{\sigma3} J_{\sigma x}^{(1)} + \rho_\sigma a_{\sigma x}^{(1)} \qquad [5\text{-}46(b)]$$

$$\partial_{t_1}\rho_\sigma u_y + \nabla_{1y}\rho_\sigma u_x u_y + \nabla_{1y}\rho_\sigma(c_{s\sigma}^2 + u_y^2) = -\widetilde{s}_{\sigma5} J_{\sigma y}^{(1)} + \rho_\sigma a_{\sigma y}^{(1)} \qquad [5\text{-}46(c)]$$

这里有效的质量通量 J_σ 与质量通量 j_σ 间的关系满足：$J_\sigma = \in j_\sigma = \in [J_{\sigma x}^{(1)},$

$J_{\sigma y}^{(1)}] = \in \left[j_{\sigma x}^{(1)} + \dfrac{\Delta t}{2}\rho_\sigma a_{\sigma x}^{(1)},\ j_{\sigma y}^{(1)} + \dfrac{\Delta t}{2}\rho_\sigma a_{\sigma y}^{(1)} \right) \right] = \in \left[j_\sigma^{(1)} + \dfrac{\Delta t}{2}\rho_\sigma a_\sigma^{(1)} \right]$，其中 $j_\sigma^{(1)} =$

$[j_{\sigma x}^{(1)},\ j_{\sigma y}^{(1)}]$，$a_\sigma = (a_{\sigma x},\ a_{\sigma y})$。此外，由该定义及宏观量的计算表达式（5-42），我们可以易知 $j_\sigma^{(1)} \neq 0, j_\sigma^{(k)} = 0(k \geq 2)$ 及 $\sum_\sigma J_\sigma^{(k)} = 0(k \geq 1)$。同时，由 O（ε^1）尺度上的式 [5-43（b）] 的第 2、第 8、第 9 行，我们可得：

$$\widetilde{s}_{\sigma1} e_\sigma^{(1)} = -3\bar{s}_{\sigma1}\rho_\sigma(a_{\sigma x}^{(1)} u_x + a_{\sigma y}^{(1)} u_y) - 2\rho_\sigma c_\sigma^2(\nabla_{1x}u_x + \nabla_{1y}u_y) +$$

$$6(\widetilde{s}_{\sigma3} u_x J_{\sigma x}^{(1)} + \widetilde{s}_{\sigma5} u_y J_{\sigma y}^{(1)}) \qquad [5\text{-}47(a)]$$

$$\widetilde{s}_{\sigma7} p_{\sigma xx}^{(1)} = -\bar{s}_{\sigma7}\rho_\sigma(a_{\sigma x}^{(1)} u_x - a_{\sigma y}^{(1)} u_y) - \dfrac{2}{3}\rho_\sigma c_\sigma^2(\nabla_{1x}u_x - \nabla_{1y}u_y) +$$

$$2(\widetilde{s}_{\sigma3} u_x J_{\sigma x}^{(1)} - \widetilde{s}_{\sigma5} u_y J_{\sigma y}^{(1)}) \qquad [5\text{-}47(b)]$$

$$\widetilde{s}_{\sigma8} p_{\sigma xy}^{(1)} = -\dfrac{1}{2}\bar{s}_{\sigma8}\rho_\sigma(a_{\sigma x}^{(1)} u_y + a_{\sigma y}^{(1)} u_x) - \dfrac{1}{3}\rho_\sigma c_\sigma^2(\nabla_{1x}u_y + \nabla_{1y}u_x) +$$

$$(\widetilde{s}_{\sigma5} u_x J_{\sigma y}^{(1)} + \widetilde{s}_{\sigma3} u_y J_{\sigma x}^{(1)}) \qquad [5\text{-}47(c)]$$

因此，将式（5-45）和式（5-47）代入 O（ε^2）尺度上的式 [5-43（c）]，并提取其第 1、第 4、第 6 行，我们亦可类似得 σ 组分在 t_2 尺度上的公式如下：

$$\partial_{t_2}\rho_\sigma + \bar{s}_{\sigma3} \nabla_{1x}\left(\tau'_\sigma + \dfrac{1}{s_{\sigma3}} - 1 \right) J_{\sigma x}^{(1)} + \bar{s}_{\sigma5} \nabla_{1y}\left(\tau'_\sigma + \dfrac{1}{s_{\sigma5}} - 1 \right) J_{\sigma y}^{(1)}$$

$$= \left(\tau'_\sigma - \dfrac{1}{2} \right) \Delta t(\nabla_{1x}\rho_\sigma a_{\sigma x}^{(1)} + \nabla_{1y}\rho_\sigma a_{\sigma y}^{(1)}) + \left(\tau'_\sigma - \dfrac{1}{2} \right) \Delta t \partial_{t_1}(\nabla_{1x}\rho_\sigma u_x + \nabla_{1y}\rho_\sigma u_y)$$

$$[5\text{-}48(a)]$$

$$\partial_{t_2}\rho_\sigma u_y - \nabla_{1x}\rho_\sigma \nu_\sigma (\nabla_{1x} u_x + \nabla_{1y} u_y) + \nabla_{1y}\rho_\sigma \nu_\sigma (\nabla_{1x} u_x - \nabla_{1y} u_y) - \nabla_{1y}\rho_\sigma \xi_\sigma (\nabla_{1x} u_x + \nabla_{1y} u_y) +$$

$$\nabla_{1x}\left(\frac{1}{\bar{s}_{\sigma 8}} - \frac{1}{2}\right)(\bar{s}_{\sigma 5} u_x J^{(1)}_{\sigma y} + \bar{s}_{\sigma 3} u_y J^{(1)}_{\sigma x}) +$$

$$\nabla_{1y}\left[\left(\frac{1}{\bar{s}_{\sigma 1}} - \frac{1}{2}\right)(\bar{s}_{\sigma 3} u_x J^{(1)}_{\sigma x} + \bar{s}_{\sigma 5} u_y J^{(1)}_{\sigma y}) - \left(\frac{1}{\bar{s}_{\sigma 7}} - \frac{1}{2}\right)(\bar{s}_{\sigma 3} u_x J^{(1)}_{\sigma x} - \bar{s}_{\sigma 5} u_y J^{(1)}_{\sigma y})\right]$$

$$= -\widetilde{s}_{\sigma 5} j^{(2)}_{\sigma y} - \partial_{t_1}\left(1 - \frac{\bar{s}_{\sigma 5}}{2}\right)J^{(1)}_{\sigma y}$$

$$[5-48（b）]$$

$$\partial_{t_2}\rho_\sigma u_x - \nabla_{1x}\rho_\sigma \nu_\sigma (\nabla_{1x} u_x - \nabla_{1y} u_y) - \nabla_{1y}\rho_\sigma \nu_\sigma (\nabla_{1x} u_y + \nabla_{1y} u_x) - \nabla_{1x}\rho_\sigma \xi_\sigma (\nabla_{1x} u_x + \nabla_{1y} u_y) +$$

$$\nabla_{1x}\left[\left(\frac{1}{\bar{s}_{\sigma 1}} - \frac{1}{2}\right)(\bar{s}_{\sigma 3} u_x J^{(1)}_{\sigma x} + \bar{s}_{\sigma 5} u_y J^{(1)}_{\sigma y}) + \left(\frac{1}{\bar{s}_{\sigma 7}} - \frac{1}{2}\right)(\bar{s}_{\sigma 3} u_x J^{(1)}_{\sigma x} - \bar{s}_{\sigma 7} u_y J^{(1)}_{\sigma y})\right] +$$

$$\nabla_{1y}\left(\frac{1}{\bar{s}_{\sigma 8}} - \frac{1}{2}\right)[\bar{s}_{\sigma 5} u_x J^{(1)}_{\sigma y} - \bar{s}_{\sigma 3} u_y J^{(1)}_{\sigma x}]$$

$$= -\widetilde{s}_{\sigma 3} j^{(2)}_{\sigma x} - \partial_{t_1}\left(1 - \frac{\bar{s}_{\sigma 3}}{2}\right)J^{(1)}_{\sigma x}$$

$$[5-48（c）]$$

其中：

$$\nu_\sigma = c_{s\sigma}^2\left(\tau_\sigma' + \frac{1}{\bar{s}_{\sigma 7}} - 1\right)\Delta t = c_{s\sigma}^2\left(\tau_\sigma' + \frac{1}{\bar{s}_{\sigma 8}} - 1\right)\Delta t, \xi_\sigma = c_{s\sigma}^2\left(2\tau_\sigma' + \frac{1}{\bar{s}_{\sigma 1}} - \frac{3}{2}\right)\Delta t$$

$$(5-49)$$

从式（5-48）中，我们可以明显看出，当 $\tau_\sigma' = 1/2$ 时，其即退化为 Zheng 等人文献给出的两组分尺度方程。

然后，我们将式（5-46）×ε+式（5-48）×ε^2 进行尺度黏合，即得 σ 组分的方程为：

$$\partial_t\rho_\sigma + \nabla \cdot \rho_\sigma l = \bar{s}_{\sigma 3}\nabla \cdot \left(\tau_\sigma' + \frac{1}{s_{\sigma 3}} - 1\right)J_\sigma \qquad [5-50（a）]$$

$$\partial_t\rho_\sigma u + \nabla \cdot \rho_\sigma uu = -\nabla p_\sigma + \nabla \cdot \rho_\sigma \nu_\sigma (\nabla u + \nabla u^T) +$$

$$\nabla(-\rho_\sigma \nu_\sigma + \rho_\sigma \xi_\sigma)\nabla \cdot u + \rho_\sigma a_\sigma - \widetilde{s}_{\sigma 3} J_\sigma - \partial_t\left(1 - \frac{\bar{s}_{\sigma 3}}{2}\right)J_\sigma \qquad [5-50（b）]$$

这里 $u = (u_x, u_y)$, $a_\sigma = (a_{\sigma x}, a_{\sigma y}$, $p_\sigma = c_{s\sigma}^2\rho_\sigma$ 且 $\overline{S_{\sigma 3}} = \overline{S_{\sigma 5}}$。值得注意的是，由于组分的扩散速度和混合物的平均速度相差不大，所以在由式（5-48）推导式（5-50）的过程中，组分质量通量与混合物平均速度的乘积项均可以忽略[39,64,65,74]。

最后，我们针对式 [5-50（a）]、式 [5-50（b）] 两边，同时关于 σ 求和，即得到描述混合物气体输运的 *Navier-Stokes* 方程如下：

$$\partial_t\rho + \nabla \cdot \rho u = 0 \qquad [5\text{-}51（a）]$$

$$\partial_t\rho u + \nabla \cdot \rho uu = -\nabla p + \nabla \cdot \rho\nu(\nabla u + \nabla u^T) + \nabla(-\rho\nu + \rho\xi)\nabla \cdot u + \sum_\sigma \rho_\sigma a_\sigma$$

$$[5\text{-}51（b）]$$

式中：松弛参数 $\widetilde{S_{\sigma3}} = \overline{S_{\sigma3}}/\Delta t$，质量通量 $J_\sigma = (J_{\sigma x}, J_{\sigma y})$，且单个组分的黏性系数分别为 $\nu_\sigma = c_{s\sigma}^2\left(\tau'_\sigma + \dfrac{1}{S_{\sigma7}} - 1\right)\Delta t$，$\xi_\sigma = c_{s\sigma}^2\left(2\tau'_\sigma + \dfrac{1}{S_{\sigma1}} - 3/2\right)\Delta t$，运动黏性系数 $\rho\nu = \sum\rho_\sigma\nu_\sigma$，体黏性系数 $\rho\xi = \sum\rho_\sigma\xi_\sigma$。

值得注意的是，式 [5-50（a）] 的推导过程中忽略了梯度项 $\nabla \cdot \rho_\sigma a_\sigma + \partial t(\nabla \cdot \rho_\sigma u)$。从上述方程可以清晰地看到，当前的两组分模型为上章多组分模型的一个特例，并且当 $q_a = A_a^2$，$q_b = A_b^2$ 时，当前的两组分模型即等价于 Zheng 等人的两组分模型。

5.3.2 单个组分输运的对流扩散方程

观察式 (5-50)，我们发现此时描述单个组分扩散的质量守恒方程中，方程右边含有未知的扩散通量 J_σ，因此，为了得到描述单个组分输运的方程，我们同样需要估计 J_σ 的大小。由 Chapman-Enskog 分析多尺度展开知识，我们有 $\partial t = \in\partial t_1 + \in 2\partial t_2$，$\nabla = \in\nabla_1$，$a_\sigma = \in a_\sigma^{(1)}$，$J_\sigma = \in J_\sigma^{(1)}$，则由式 (5-50) 和式 (5-51) 可分别得 t_1 时间尺度上的方程如下：

$$\partial_{t_1}\rho_\sigma + \nabla_1 \cdot \rho_\sigma u = 0 \qquad [5\text{-}52（a）]$$

$$\partial_{t_1}\rho_\sigma u + \nabla_1 \cdot \rho_\sigma uu = -\nabla_1 p_\sigma + \rho_\sigma a_\sigma^{(1)} - \widetilde{s}_{\sigma3}J_\sigma^{(1)} \qquad [5\text{-}52（b）]$$

$$\partial_{t_1}\rho + \nabla_1 \cdot \rho u = 0 \qquad [5\text{-}53（a）]$$

$$\partial_{t_1}\rho u + \nabla_1 \cdot \rho uu = -\nabla_1 p + \sum_\sigma \rho_\sigma a_\sigma^{(1)} \qquad [5\text{-}53（b）]$$

又

$$\partial_{t_1}\rho_\sigma u + \nabla_1 \cdot \rho_\sigma uu = u(\partial_{t_1}\rho_\sigma + \nabla_1 \cdot \rho_\sigma u) + \rho_\sigma(\partial_{t_1}u + u \cdot \nabla_1 u) \quad (5\text{-}54)$$

然后将式 [5-52（a）]、式 (5-53)、式 (5-54) 代入式 [5-52（b）]，可得关于 σ 组分的质量通量为：

$$J_\sigma^{(1)} = -\frac{1}{\widetilde{s}_{\sigma3}}\left[\rho_\sigma\left(\frac{-\nabla_1 p + \sum_\sigma\rho_\sigma a_\sigma^{(1)}}{\rho} - a_\sigma^{(1)}\right) + \nabla_1 p_\sigma\right] \qquad (5\text{-}55)$$

$$= \frac{1}{\widetilde{s}_{\sigma3}}\left[\frac{\rho_\sigma}{\rho}\nabla_1 p - \nabla_1 p_\sigma + \frac{\rho_a + \rho_b}{\rho}(a_a^{(1)} - a_b^{(1)})\right]$$

这里等式右边的第一、第二、第三项通常被称为两组分扩散的压力驱动、浓度驱动和外力驱动项[64,65,78]。事实上，在常温常压的状态下，如果该两组分体系不受外部力的作用时，即 $a_a = a_b$，扩散通量的表达式可以简化为：

$$J_\sigma = \frac{1}{\overline{s}_{\sigma 3}} \nabla p_\sigma \tag{5-56}$$

然后，关于上述公式两边同乘 $\overline{S}_{\sigma 3}\left(\tau'_\sigma + \dfrac{1}{\overline{S}_{\sigma 3}} - 1\right)$，则其可以进一步写成类似如下菲克定律的形式：

$$\overline{s}_{\sigma 3}\left(\tau'_\sigma + \frac{1}{\overline{s}_{\sigma 3}} - 1\right) J_\sigma = -\left(\tau'_\sigma + \frac{1}{\overline{s}_{\sigma 3}} - 1\right) \Delta t \nabla p_\sigma = -\rho D_{ab} \nabla \xi_\sigma \tag{5-57}$$

式中：$\tau'_\sigma = \dfrac{q_\sigma}{A_\sigma^2}$；

$\xi_\sigma = \rho_\sigma / \rho$ —— σ 组分的质量分数；

D_{ab} —— 两种组分间的相互扩散系数。

下面，我们将根据式（5-57）的第二个等式来确定松弛参数与扩散系数之间的关系。首先，式（5-57）可以等价的表述为如下的形式：

$$\nabla p_\sigma = \frac{D_{ab}}{\rho\left(\tau'_\sigma + \dfrac{1}{\overline{s}_{\sigma 3}} - 1\right)\Delta t}(\rho \nabla \rho_\sigma - \rho_\sigma \nabla \rho),(\sigma = a,b) \tag{5-58}$$

利用 $p_\sigma = c_{s\sigma}^2 \rho_\sigma$ 及 $\rho = \rho_a + \rho_b$ 入上述方程，则我们分别可得关于 a，b 两组分的方程如下：

$$\nabla(c_{sa}^2 \rho_a) = \frac{D_{ab}}{\rho\left(\tau'_\sigma + \dfrac{1}{\overline{s}_{a3}} - 1\right)\Delta t}(\rho_b \nabla \rho_a - \rho_a \nabla \rho_b) \qquad [\text{5-59（a）}]$$

$$\nabla(c_{sb}^2 \rho_b) = \frac{D_{ab}}{\rho\left(\tau'_\sigma + \dfrac{1}{\overline{s}_{b3}} - 1\right)\Delta t}(\rho_a \nabla \rho_b - \rho_b \nabla \rho_a) \qquad [\text{5-59（b）}]$$

由式［5-59（b）］，我们显然可知：

$$\nabla \rho_b = -\frac{D_{ab}\rho_b}{c_{sb}^2 \rho(\tau'_\sigma + \dfrac{1}{\overline{s}_{b3}} - 1)\Delta t - D_{ab}\rho_a} \nabla \rho_a \tag{5-60}$$

然后，将式（5-60）代入式［5-59（a）］中，经过进一步化简有：

$$D_{ab} = \frac{\rho c_{sa}^2 c_{sb}^2}{p}\left(\tau'_\sigma + \frac{1}{\overline{s}_3} - 1\right)\Delta t \tag{5-61}$$

这里 $\overline{S}_{\sigma 3} = \overline{S}_{b3} = \overline{S}_3$。又由总压力 $p = c_s^2 \rho_a + c_{sl}^2 \rho_b$ 和总摩尔数密度 $n = n_a + n_b = \rho_a / m_a + \rho_b / m_b$ 的关系（这里 m_a，m_b 为 a，b 组分的分子质量），我们易证 $p^2 = n^2 m_a m_b c_{sa}^2 c_{sb}^2$。然后代入式（5-61），则 D_{ab} 的表达式即可重新表述为：

$$D_{ab} = \frac{\rho p}{n^2 m_a m_b} \left(\tau_\sigma' + \frac{1}{s_3} - 1 \right) \Delta t \qquad (5\text{-}62)$$

由上述可知，如果我们令 $q_\sigma = A_\sigma^2$（即 $\tau_\sigma' = 1/2$）时，此时该松弛参数与扩散系数的表达式即与 Luo 等人[64,65] 和 McCracken 等人[67,68] 关于两组分的结果一致。最后，我们将通量 $J_\sigma^{(1)}$ 的表达式（5-57）代回式 [5-50（a）]，即得描述 σ 组分输运的对流扩散方程：

$$\partial_t \rho_\sigma + \nabla \cdot \rho_\sigma \boldsymbol{u} = \nabla \cdot \rho D_{ab} \nabla \xi_\sigma \qquad (5\text{-}63)$$

然后，利用混合物的质量守恒方程，上式即等价于如下的形式：

$$\rho(\partial_t \xi_\sigma + \boldsymbol{u} \cdot \nabla \xi_\sigma) = \nabla \cdot \rho D_{ab} \nabla \xi_\sigma \qquad (5\text{-}64)$$

由上分析我们可以发现，针对两组分扩散的情形，其每个组分的扩散通量亦满足菲克定律，且输运过程恰好满足一个扩散方程的形式。

5.3.3　处理多孔介质的反弹边界格式

由于多孔介质中复杂几何结构的存在，使得常用的非平衡态外推格式[87,88] 在处理这类问题时，通常需要额外的插值近似，从而使该处理变得较为繁杂。正因如此，简单易行的反弹边界处理格式[90-93] 在研究流体在复杂结构中的流动和传质传热过程中，发挥着越来越重要的作用。然而，上述几种经典的反弹边界处理格式大多只能应用于修正碰撞步的 LB 模型（单松弛、多松弛、两松弛模型），而不适用于当前的 GPLB 模型。因此，在该部分，我们将针对 GPLB 模型提出新的反弹边界处理格式，进而推广到当前两组分气体在多孔介质中扩散的问题研究中。

一方面，针对组分密度 ρ_σ 给定的边界条件（即 Dirichlet 边界的情形，不妨以工况示意图 5-3 中的下边界为例），关于 i 方向，我们可以采用类似新的边界处理格式，即：

$$g_{\sigma i}(\boldsymbol{x}, t + \Delta t) = p_{\sigma, -1}\left[-g_{\sigma i}^+(\boldsymbol{x}, t) + 2 w_i \rho_\sigma \right] + p_{\sigma, 0} g_{\sigma i}^+(\boldsymbol{x}, t) + p_{\sigma, 1} g_{\sigma i}^+(\boldsymbol{x} + \boldsymbol{L}_i, t)$$

$$(5\text{-}65)$$

这里 $p_{\sigma, -1} = (q_\sigma + A_\sigma)/2$，$p_{\sigma, 0} = 1 - q_\sigma$，$p_{\sigma, 1} = (q_\sigma - A_\sigma)/2$ 分别为与 σ 组分相关的几个自由参数。同理，$\bar{i} - (i$ 的反方向）的分布函数 $g_{\sigma \bar{i}}$ 亦可得：

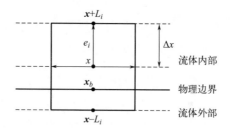

图 5-3 反弹边界格式示意图

(i 为指向计算区域内部的格子离散速度方向)

$$g_{\sigma i}(\boldsymbol{x}, t + \Delta t) = p_{\sigma, -1} g_{\sigma i}^{+}(\boldsymbol{x}, t) + p_{\sigma, 0} g_{\sigma i}^{+}(\boldsymbol{x}, t) + p_{\sigma, 1} \big[- g_{\sigma i}^{+}(\boldsymbol{x} + \boldsymbol{L}_i, t) + 2 w_i \rho_\sigma \big]$$

$$(5-66)$$

另一方面，针对多孔介质表面 $\dfrac{\partial \rho_\sigma}{\partial n} = 0$ 的边界条件（n 为垂直界面指向多孔介质外部的单位法向量），我们可采用如下的反弹边界处理格式来计算：

$$g_{\sigma i}(\boldsymbol{x}, t + \Delta t) = p_{\sigma, -1} g_{\sigma i}^{+}(\boldsymbol{x}, t) + p_{\sigma, 0} g_{\sigma i}^{+}(\boldsymbol{x}, t) + p_{\sigma, 1} g_{\sigma i}^{+}(\boldsymbol{x} + \boldsymbol{L}_i, t)$$

$$g_{\sigma i}(\boldsymbol{x}, t + \Delta t) = p_{\sigma, -1} g_{\sigma i}^{+}(\boldsymbol{x}, t) + p_{\sigma, 0} g_{\sigma i}^{+}(\boldsymbol{x}, t) + p_{\sigma, 1} g_{\sigma i}^{+}(\boldsymbol{x} + \boldsymbol{L}_i, t)$$

$$(5-67)$$

式中：i——指向流体内部（即多孔介质外部）的格子速度方向。

5.3.4 多孔介质中两组分气体扩散规律的数值研究

在该部分，我们将主要针对不同分子质量比的两组分混合物，在规则排列的圆柱形多孔介质中扩散的情形进行数值研究[94-96]，如图 5-4 所示，L，H 分别为选取单位元的长和宽，D 为圆柱的直径。这里不妨假设该圆柱体为非渗透性的物质构成，则该单位体积元的孔隙率 ε 可以计算如下：

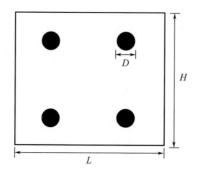

图 5-4 两组分在圆柱形多孔介质中扩散的工况示意图

$$\varepsilon = 1 - \frac{\pi D^2}{LH} \tag{5-68}$$

为了进一步定量估计两组分在多孔介质中的有效扩散率（设为 D_e），我们这里采用前人的定义方式来衡量有效扩散率:[94,97,98]

$$D_e = \frac{J_\sigma}{J_\sigma^*} D_{ab} \tag{5-69}$$

且:

$$J_\sigma = -\int_0^L D_p \frac{\partial \xi_\sigma}{\partial y}\bigg|_{y=y_c} dx, \quad D_p = \begin{cases} D_{ab}, x \in \Omega \\ 0, x \notin \Omega \end{cases} \tag{5-70 (a)}$$

$$J_\sigma^* = -D_{ab}(\xi_{\sigma,t} - \xi_{\sigma,b})L/H \tag{5-70 (b)}$$

式中: D_{ab}——两组分间的相互扩散系数;

$\xi_\sigma = \rho_\sigma/\rho$——所占的质量分数;

$\xi_{\sigma,T}, \xi_{\sigma,B}$——整个计算区域上下边界处的质量分数;

Ω——由圆柱体所组成的固体边界的集合。

此外，由式（5-57）可知:

$$-\rho D_{ab}\nabla \xi_\sigma = \bar{s}_3\left(\tau_\sigma' + \frac{1}{s_3} - 1\right)J_\sigma = \bar{s}_3\left(\tau_\sigma' + \frac{1}{s_3} - 1\right)\left(\sum_i c_{\sigma i}g_{\sigma i} - \sum_i c_{\sigma i}g_{\sigma i}^{eq}\right) \tag{5-71}$$

值得说明的是，上述第二个等式是在假设没有外力作用的情形下，利用 Chapman-Enskog 分析中非平衡态的估计可知，该局部的计算格式较传统的二阶差分格式更加准确[99-101]。然后，将上述估计式分别代入式（5-69）和式[5-70 (a)]，我们即得到有效扩散率的大小。

为了保证当前的数值结果达到稳态，我们选取如下的收敛法则:

$$\frac{\sum_x |\xi_\sigma(\boldsymbol{x},t+100\Delta t) - \xi_\sigma(\boldsymbol{x},t)|}{\sum_x |\xi_\sigma(\boldsymbol{x},t+100\Delta t)|} < 10^{-9} \tag{5-72}$$

5.3.4.1 模型验证

为了验证当前模型和边界格式的正确性，如图 5-5 所示，我们将通过一个不含多孔介质的两组分混合物[氮气（a-N_2）和氦气（b-He）]算例来进行数值验证。在初始条件下，两种组分在同温同压下（$P=1$bar，$T=273$K）分别满足如下的双曲正切分布[39,67,75]:

$$\rho_a(y) = \frac{1}{2}\left[(\rho_{ah} + \rho_{al}) + (\rho_{al} - \rho_{ah})\tanh\left(\frac{y-H/2}{\delta_{th}}\right)\right]$$
$$\rho_b(y) = \frac{1}{2}\left[(\rho_{bh} + \rho_{bl}) + (\rho_{bh} - \rho_{bl})\tanh\left(\frac{y-H/2}{\delta_{th}}\right)\right] \tag{5-73}$$

式中：$\rho_{\sigma h}$，$\rho_{\sigma l}$——σ 组分在上下顶板处的密度值；

$\qquad H$——计算区域的宽度且 δ_{th} 为扩散层的厚度。

在该问题中，左右为周期边界条件，上下为组分密度给定的边界条件。

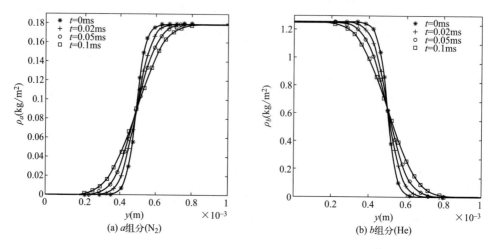

图 5-5　不同时刻下，组分的密度 l 沿 y 方向的分布

（实线为当前模型的计算结果，标记为文献［67］中的结果）

为了与前人文献［67］中的结果进行对比，我们选取的物性参数如下：$\rho_{ah} = 1.253\text{kg/m}^2$，$\rho_{al} = 0.0007\dfrac{\text{kg}}{\text{m}^2}$，$\rho_{bh} = 0.179\dfrac{\text{kg}}{\text{m}^2}$，$\rho_{bl} = 0.00001\text{kg/m}^2$ 及两组分扩散率为 $D_{ab} = 0.632\text{cm}^2/\text{s}$。此外，由两组分的分子质量比为 $m_a/m_b = 7$，因此，我们不妨设 $m_b = 1$，$c_b = c = \Delta x/\Delta t$（$\Delta t = 3\times10^{-9}\text{s}$，$\Delta x = 2\times10^{-6}\text{m}$），则我们有 $c_a = c_b\sqrt{m_b/m_a}$，松弛参数 $\overline{S}_{\sigma 3}$ 由式（5-62）确定。在网格分辨率为 10×500 的条件下，两种组分关于不同时刻的密度分布进行了数值模拟，并把结果展示在图 5-5 中。从该图中，我们可以看出，不同时刻下，当前模型的数值解与文献［67］中的参考解均吻合较好，并且随着时间的延长，两种组分的密度分布也逐渐平缓，与物理问题的描述一致，这也验证了当前模型的有效性。

5.3.4.2　多孔介质中相同分子质量比的两组分混合物扩散

接下来，我们将探究具有相同分子质量比的两组分（$\sigma = a$，b）在多孔介质中扩散的情形（图 5-6）。在该问题中，扩散系数 $D_{ab} = 0.01$ 我们选取 ［0，1］×［0，1］的计算单元，且上下边界处两组分的质量分数分别为：

$\xi_{a, T} = \xi_{b, B} = 0$，$\xi_{a, B} = \xi_{b, T} = 1$（这里 $\xi_{\sigma, T}$，$\xi_{\sigma, B}$ 分别为上下边界处的值），水平方向为圆柱呈周期排列的无限长区域，可以视为周期边界[97]。

首先，我们在分子量为 1∶1（此时即退化为单组分的情形）及网格分辨率为 200×200，$\overline{S_3}=0.01$ 的条件下，研究了当前的两组分混合物在不同松弛参数条件下，有效扩散率随不同孔隙率（$\varepsilon=0.2146 \sim 1$，即圆柱直径 $D=0 \sim 100\,\Delta x$）下的变化规律，并将其数值结果分别呈现在图 5-6 和图 5-7 中。

在图 5-6 中，这两种不同情形是令当前模型中与扩散系数相关的松弛参数 $\overline{S_3}$ 分别取 0.01 和 1.0 的情形，而图 5-7 中，松弛参数 $\overline{S_7}$ 的取值主要是基于 Cui 等人在文献［102］中，推导出的关于多松弛 $D2Q9$ 格子模型的最优松弛参数的取值规律。对比图 5-6（a）与图 5-6（b），我们发现在 $\overline{S_7}=1$ 时，$\overline{S_3}=0.01$ 与前人结果[94,96,97,103] 有较大偏差；相反地，当 $\overline{S_3}=1.0$ 时，此时当前结果与前人结果吻合较好。这一结果表明，当前模型在松弛参数 $\overline{S_3}$ 接近 1.0 时能够明显优于 0.01。然而，观察图 5-7，我们发现，尽管此时 $\overline{S_3}$ 的取值仍然为 0.01，但当 $\overline{S_7}$ 按照文献［102］中的最优关系取值时，当前模型仍然表现较好，这亦与 Chai 等人在文献［97］中关于单组分的研究结果一致。

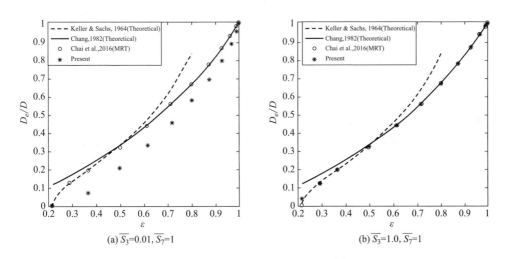

(a) $\overline{S_3}=0.01,\overline{S_7}=1$　　　　　(b) $\overline{S_3}=1.0,\overline{S_7}=1$

图 5-6　不同松弛参数下，有效扩散率随孔隙率的变化（$m_b/m_a=1$）

为了进一步研究当前多松弛的 GPLB 模型在描述质量比相同的两组分混合物时，其密度分布的规律，我们分别针对不同的孔隙率进行了模拟。这里仅以圆柱直径 $D=50\,\Delta x$ 为例，将其达到稳态时的密度分布的等势线图显示在图 5-8 中，其中：$\overline{S_3}=0.01$，$\overline{S_7}=8(\overline{S_3}-2)/(\overline{S_3}-8)$。如图所示，可以明显地看出，当质量比相同的混合物在达到稳态时，两种组分的扩散将呈完全对称的连续分布，

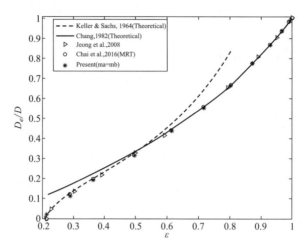

图 5-7 $\overline{S_3} = 0.01$，$\overline{S_7} = 8(\overline{S_3} - 2)/(\overline{S_3} - 8)$ 条件下，

有效扩散率随孔隙率的变化（$m_b/m_a = 1$）

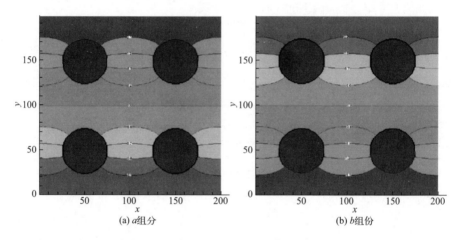

图 5-8 稳态时，组分 a，b 密度分布的等势线图（$m_b/m_a = 1$）

且其等势线呈光滑的变化趋势。为了更清晰地观察这一现象，我们又分别选取
了过左边圆柱中心（$x = 1/4L$）及计算区域中心线（$x = 1/2L$）上的两个截面。
如图 5-9、图 5-10 所示，无论是过圆柱中心线，还是区域中心线，两组分的
密度分布明显地呈非线性并且光滑的变化趋势。此外，如图 5-9 所示，我们很
容易发现，组分的浓度在圆柱表面仍无明显的跳跃情形，并仍能在流体区域保
持连续变化。这一结果进一步证明，当前模型能够较好地捕捉多孔介质中多组
分扩散的现象。

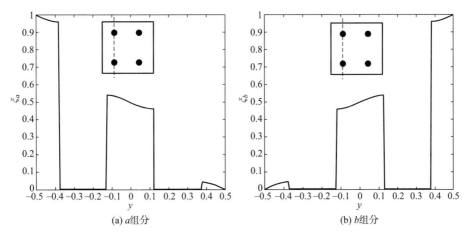

(a) a 组分　　　　　　　　　　　(b) b 组分

图 5-9　过圆柱中心的截面（$x = 1/4L$）时，σ 组分的质量分数

ξ_σ 沿 y 方向分布（$m_b/m_a = 1$）

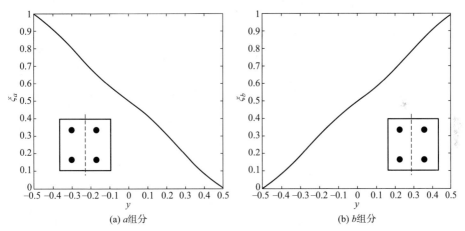

(a) a 组分　　　　　　　　　　　(b) b 组分

图 5-10　过计算区域中心的截面（$x = 1/2L$）时，σ 组分的质量分数 ξ_σ

沿 y 方向分布（$m_b/m_a = 1$）

5.3.4.3　多孔介质中不同分子质量比的两组分混合物扩散

下面，我们将以氦气（a-He）和氮气（b-N$_2$）这两种质量比为 $1:7$ 的组分所构成的混合气体为例，来进一步研究当前模型在处理这类复杂问题方面的特点。需要指出的是，网格分辨率和边界条件的选取与质量比相同（上一小节）的组分扩散情形一致，这里不再重复说明。

首先，为了探究质量比不同的两组分气体在多孔介质中的扩散，我们首先以圆柱直径 $D = 50\,\Delta x$ 为例，模拟了当前模型在参数 $D_{ab} = 0.001$，$\Delta t = 2.0 \times 10^{-3}$

情形下密度的分布规律，并把其达到稳态时的等势线图显示在图 5-11 中（红色代表较大的密度值，蓝色代表较小的密度值）。从该图中我们能够发现，此时 a，b 两组分的等势线仍成光滑的非线性变化趋势。但是，与质量比相同的两种组分的分布（图 5-8）不同的是，此时两种组分的密度明显为非对称性分布。事实上，如图 5-11（a）所示，下壁面的 a 组分的扩散界面的厚度明显较图 5-11（b）中上壁面的 b 组分的扩散界面的厚度要大，这也说明此时 a 组分在下壁面的密度变化较为平缓，而 b 组分的密度变化更为陡峭，这也就是说 a 组分（氦气）的扩散速度明显高于 b 组分（氮气）的扩散速度。这一现象与物理事实也是完全一致的，即质量轻的气体分子较质量重的气体分子扩散速度快。

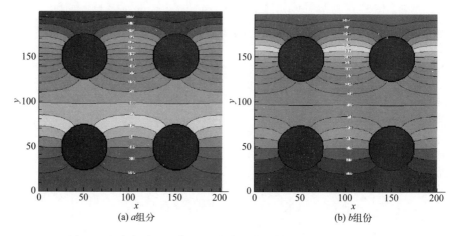

(a) a 组分　　　　　　　　　　　　(b) b 组份

图 5-11　稳态时，组分 a，b 密度分布的等势线图（$m_b/m_a = 7$）

为了进一步定量的对比质量比分别为 7：1 和 1：1 情形，我们选取了两个不同截面 $x = 3/4L$ 和 $x = 1/2L$ 处组分的密度分布，见图 5-12 和图 5-13。从图中我们可以看出，在质量比为 7：1 时，两组分的质量分布仍然呈非线性连续分布，该结果与质量比相同的混合气体的变化整体趋势类似。然而，观察图 5-12（a）、图 5-13（a），我们可以明显看出，当前情形的 a 组分的密度分布明显高于质量比相同情形时 a 组分的密度。相反地，如图 5-12 所示，此时 b 组分的分布明显低于质量比相同时的情形。这一定量的结果，更加说明质量轻的 a 组分的扩散速度明显高于质量重的 b 组分的扩散速度。

另一方面，我们也进一步研究了不同扩散系数下有效扩散率随孔隙率的变化规律，并与 Chai 等人的结果[97]（方形标记）进行了对比，其数值结果如图 5-14

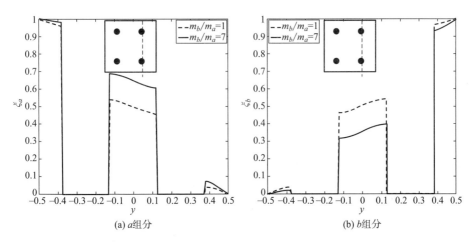

图 5-12　过圆柱中心的截面（$x=3/4L$）时，σ 组分的质量分数 ξ_σ 沿 y 方向分布（$m_b/m_a=7$）

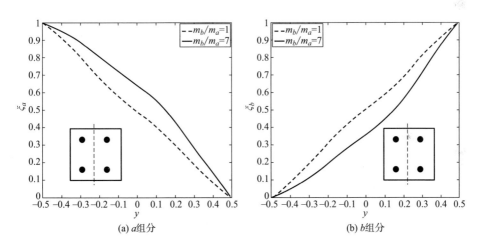

图 5-13　过计算区域中心的截面（$x=1/2L$）时，σ 组分的质量分数 ξ_σ 沿 y 方向分布（$m_b/m_a=7$）

所示。如图所示，扩散系数分别在 0.001 和 0.05 条件下，二者的有效扩散率在不同孔隙率下的结果均表现一致，即说明组分之间的有效扩散率与组分之间的相互扩散系数的大小无关，且这一数值结果与我们无量纲的有效扩散率的定义一致[式（5-67）]。然而，对比 Chai 等人的结果，我们会发现在质量比为 7：1 情形下的有效扩散率会明显低于质量比为 1：1 情形，出现这一现象的原因，可能是由于在不同分子质量比的两组分混合物的扩散中，一种组分减弱了另外一种组分的扩散，从而降低了整场的有效扩散率。

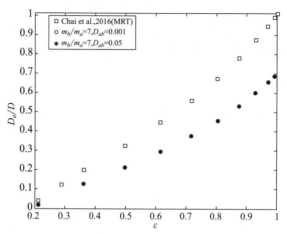

图 5-14 $m_b/m_a = 7$ 条件下，有效扩散率随孔隙率的变化规律

5.4 多组分气体输运的格子 Boltzmann 方法研究

5.4.1 多组分气体输运的广义迁移格子 Boltzmann 模型

首先，在上一节关于两组分研究的基础上，这里我们将直接推广到我们的多组分 GPLB 模型，其碰撞和流动过程如下：

$$
\begin{cases}
\boldsymbol{g}_\sigma^+ = \boldsymbol{g}_\sigma - (\boldsymbol{M}_\sigma^{-1}\overline{\boldsymbol{S}}_\sigma\boldsymbol{M}_\sigma)(\boldsymbol{g}_\sigma - \boldsymbol{g}_\sigma^{eq}) + \Delta t(\boldsymbol{I} - \boldsymbol{M}_\sigma^{-1}\overline{\boldsymbol{S}}_\sigma\boldsymbol{M}_\sigma/2)\boldsymbol{R}_\sigma \\[2mm]
g_{\sigma_i}(\boldsymbol{x}, t+\Delta t) = g_{\sigma_i}^+(\boldsymbol{x},t) - \dfrac{A_\sigma}{2}[g_{\sigma_i}^+(\boldsymbol{x}+\boldsymbol{L}_i,t) - g_{\sigma_i}^+(\boldsymbol{x}-\boldsymbol{L}_i,t)] + \\[2mm]
\qquad\qquad \dfrac{q_\sigma}{2}[g_{\sigma_i}^+(\boldsymbol{x}+\boldsymbol{L}_i,t) - 2g_{\sigma_i}^+(\boldsymbol{x},t) + g_{\sigma_i}^+(\boldsymbol{x}-\boldsymbol{L}_i,t)]
\end{cases}
\tag{5-74}
$$

这里 $g_\sigma = (g_{\sigma 0}, g_{\sigma 1}, \cdots, g_{\sigma 8})$ 和 g_σ^+ 分别为 σ（$\sigma = a, b$）组分碰撞前和碰撞后的分布函数，$g_\sigma^{eq} = (g_{\sigma 0}^{eq}, g_{\sigma 1}^{eq}, \cdots, g_{\sigma 8}^{eq}$ 为 σ 组分的平衡态分布函数，$R_\sigma = (R_{\sigma 0}, R_{\sigma 1}, \cdots, R_{\sigma 8})$ 是关于 σ 组分的离散源项分布函数，有：

$$
g_{\sigma_i}^{eq} = w_i \rho_\sigma \left\{ 1 + \frac{\boldsymbol{c}_{\sigma i} \cdot \boldsymbol{u}}{c_{s\sigma}^2} + \frac{\boldsymbol{u}\boldsymbol{u} : (\boldsymbol{c}_{\sigma i}\boldsymbol{c}_{\sigma i} - c_{s\sigma}^2\boldsymbol{I})}{2c_{s\sigma}^4} \right\}
\tag{5-75}
$$

及：

$$
R_{\sigma_i} = w_i \rho_\sigma \left\{ \frac{\boldsymbol{c}_{\sigma i} \cdot \boldsymbol{a}_\sigma}{c_{s\sigma}^2} + \frac{\boldsymbol{a}_\sigma \boldsymbol{u} : (\boldsymbol{c}_{\sigma i}\boldsymbol{c}_{\sigma i} - c_{s\sigma}^2\boldsymbol{I})}{c_{s\sigma}^4} \right\}
\tag{5-76}
$$

且可以用来计算宏观的组分质量密度和混合物平均速度：

$$\rho_\sigma = \sum_i g_{\sigma_i}, \rho = \sum_\sigma \rho_\sigma, \rho\boldsymbol{u} = \sum_{\sigma i} \boldsymbol{c}_{\sigma_i} g_{\sigma_i} + \frac{\Delta t}{2} \sum_\sigma \rho_\sigma \boldsymbol{a}_\sigma \qquad (5\text{-}77)$$

式中：w_i 和 e_i——$DnQq$ 格子模型的权系数和离散速度方向；

A_σ，q_σ——广义迁移模型的两个自由参数，且 $A_\sigma = \left| \boldsymbol{c}_{\sigma i} \right| \Delta t / \left| \boldsymbol{L}_i \right|$，$\boldsymbol{L}_i =$ $\Delta x e_i$，$\boldsymbol{c}_{\sigma i} = c_\sigma \boldsymbol{e}_i = A_\sigma c \boldsymbol{e}_i (0 < A_\sigma \leqslant 1)$，其中 $c = \Delta x / \Delta t$，其中 Δx 为格子步长。

此外，$\overline{S_\sigma} = \Delta t M_\sigma S_\sigma M_\sigma^{-1} = \mathrm{diag}(\overline{S_{\sigma 0}}, \overline{S_{\sigma 1}}, \cdots, \overline{S_{\sigma 8}})$ 是通过正交矩阵 $M_\sigma = C_d^\sigma M_0$ 变换后得到的一个对角的松弛矩阵。

其中：$S_\sigma = \sum_\xi S_{\sigma \xi}$，$\xi = a$，$b$，$c$，$\cdots$ 为原速度空间中刻画两组分相互扩散的一个有效碰撞矩阵（特别地，针对三组分的混合气体其为一个 3×3 的矩阵）。通过类似上一章节的 Chapman-Enskog 分析，我们可以知道当前两组分模型一定可以准确恢复到宏观的单个组分所满足的质量和动量守恒方程［详细推导过程见式（5-48）和式（5-49）的推导］：

$$\partial_t \rho_\sigma + \nabla \cdot \rho_\sigma \boldsymbol{u} = \overline{s_{\sigma 3}} \nabla \cdot \left(\tau_\sigma' + \frac{1}{\overline{s_{\sigma 3}}} - 1 \right) \boldsymbol{J}_\sigma + \left(\tau_\sigma' - \frac{1}{2} \right) \Delta t [\nabla \cdot \rho_\sigma \boldsymbol{a}_\sigma + \partial_t (\nabla \cdot \rho_\sigma \boldsymbol{u})]$$

$$［5\text{-}78（a）］$$

$$\partial_t \rho_\sigma \boldsymbol{u} + \nabla \cdot \rho_\sigma \boldsymbol{uu} = -\nabla p_\sigma + \nabla \cdot \rho_\sigma \nu_\sigma (\nabla \boldsymbol{u} + \nabla \boldsymbol{u}^T) + \nabla(-\rho_\sigma \nu_\sigma + \rho_\sigma \xi_\sigma) \nabla \cdot \boldsymbol{u}$$

$$+ \rho_\sigma \boldsymbol{a}_\sigma - \widetilde{s}_{\sigma 3} \boldsymbol{J}_\sigma - \partial_t \left(1 - \frac{\overline{s_{\sigma 3}}}{2} \right) \boldsymbol{J}_\sigma \qquad ［5\text{-}78（b）］$$

及混合物密度和平均速度所满足的 Navier-Stokes 方程：

$$\partial_t \rho + \nabla \cdot \rho \boldsymbol{u} = 0 \qquad ［5\text{-}79（a）］$$

$$\partial_t \rho \boldsymbol{u} + \nabla \cdot \rho \boldsymbol{uu} = -\nabla p + \nabla \cdot \rho \nu (\nabla \boldsymbol{u} + \nabla \boldsymbol{u}^T) + \nabla(-\rho \nu + \rho \xi) \nabla \cdot \boldsymbol{u} + \sum_\sigma \rho_\sigma \boldsymbol{a}_\sigma$$

$$［5\text{-}79（b）］$$

其中：混合物的质量密度为 $\boldsymbol{\rho} = \sum \rho_\sigma$，压力 $\boldsymbol{p} = \sum p_\sigma$，运动粘性系数 $\boldsymbol{\rho}\boldsymbol{\nu} = \sum \rho_\sigma \nu_\sigma$，体黏性系数 $\boldsymbol{\rho}\boldsymbol{\xi} = \sum \rho_\sigma \xi_\sigma$。

此外，值得一提的是，为了准确地恢复到上述连续方程，需要消去式［5-78（a）］~式［5-79（b）］中质量通量前的系数，因此，我们在此可以假设 $\overline{s_{\sigma 3}} = \overline{s_{\sigma 5}} = \overline{s_{\xi 3}} = \overline{s_{\xi 5}} = \overline{s_{\zeta 3}} = \overline{s_{\zeta 5}}$ 及 $\tau_\sigma' = \tau_\xi' = \tau_\zeta' = 1/2$；除此之外，我们可以发现当 GPLB 模型均取特例 LW 格式（$q_\sigma = A_\sigma^2$，$q_\xi = A_\xi^2$，$q_\zeta = A_\zeta^2$）时，则必有 $\tau_\sigma' = \tau_\xi' = \tau_\zeta' = 1/2$ 成立。同时单个组分的质量式［5-78（a）］中的微小偏差项 $\nabla \cdot \rho_\sigma \boldsymbol{a}_\sigma + \partial_t (\nabla \cdot \rho_\sigma \boldsymbol{u})$ 也将

消失，并能够更加准确地恢复到混合物的质量守恒式［5-79（a）］。因此，在后文多组分问题的模拟中，我们将主要基于 LW 格式来进行研究。综上所述，我们们已经验证当前多松弛的 GPLB 模型可以准确地恢复到描述多组分输运的 Navier-Stokes 方程，且通过调节松弛参数 $\overline{S_{\sigma7}} = \overline{S_{\sigma8}}$ 的大小，可以进一步研究具有不同黏性值的几种不同组分的输运。

5.4.2　多组分气体输运的 Maxwell–Stefan 方程

众所周知，气体的扩散和输运过程是分子无规则自由运动的结果[104]，且这类物理现象通常可以由两种经典的连续模型来描述[10,20,104,105]，包括菲克定律：[24]

$$\boldsymbol{J}_\sigma^* = - nD_{s\sigma} \nabla \xi_\sigma \tag{5-80}$$

和 Maxwell–Stefan（M-S）方程：[106,107]

$$\boldsymbol{d}_\sigma = - \sum_{s \neq \sigma} \frac{\xi_s \boldsymbol{J}_\sigma^* - \xi_\sigma \boldsymbol{J}_s^*}{nD_{s\sigma}} \tag{5-81}$$

式中：$\boldsymbol{J}_\sigma^* = n_\sigma(u_\sigma - V)$ ——σ 组分的摩尔扩散通量（V 为混合物的平均摩尔速度）；

$\quad\quad\quad\quad d_\sigma$ ——σ 组分上驱动力；

$\quad\quad\quad D_{s\sigma} = D_{\sigma s}$ ——s 和 σ 两组分之间的相互扩散系数；

$\quad\quad\quad\quad \xi_\sigma = n_\sigma/n$ ——σ 组分在系统中所占的摩尔分数；

$n = \sum n_\sigma$ 和 $n_\sigma = \rho_\sigma/m_\sigma$ ——系统总的摩尔浓度和 σ 组分的摩尔浓度，其中 m_σ 为

$\quad\quad\quad\quad\quad\quad\quad\quad\quad\quad\quad\sigma$ 组分的摩尔分子质量。

从式（5-80）可知菲克定律的内容是说，某种组分的扩散通量与其自身梯度变化量的负值成正比[24]，但前人研究表明，该定律仅适用于两组分的情形，当选取一个多于两种组分的混合物体系（即有多种组分之间交叉效应存在）时，菲克定律已不再成立，但此时可以由描述多组分输运的 M-S 方程来刻画[12,13,20,25]。因此，为了验证当前描述多组分的 GPLB 模型的正确性，我们在该小节将证明组分式（5-78）~式（5-79）与 M-S 式（5-81）的一致性，并相应的进一步推导出多组分扩散系数与松弛参数之间的关系（下面仅以三组分为例）。

首先，受 Tong 等人[78] 工作的启发，我们由式［5-78（b）］出发并忽略质量扩散通量 J_σ 的时间导数项，即 $-\partial t(1 - \overline{S_{\sigma3}}/2)J_\sigma$，则该方程可以简化为：

$$\partial_t\rho_\sigma\boldsymbol{u} + \nabla \cdot \rho_\sigma\boldsymbol{u}\boldsymbol{u} = - \nabla p_\sigma + \nabla \cdot \rho_\sigma\nu_\sigma(\nabla\boldsymbol{u} + \nabla\boldsymbol{u}^T) + \nabla(-\rho_\sigma\nu_\sigma + \rho_\sigma\xi_\sigma)\nabla \cdot \boldsymbol{u}$$
$$+ \rho_\sigma\boldsymbol{a}_\sigma - \widetilde{s}_{\sigma3}\boldsymbol{J}_\sigma$$

$$\tag{5-82}$$

同理，针对 s 组分仍有形如上式的方程成立：

$$\partial_t \rho_s \boldsymbol{u} + \nabla \cdot \rho_s \boldsymbol{uu} = -\nabla p_s + \nabla \cdot \rho_s \nu_s (\nabla \boldsymbol{u} + \nabla \boldsymbol{u}^T) + \nabla(-\rho_s \nu_s + \rho_s \xi_s) \nabla \cdot \boldsymbol{u}$$
$$+ \rho_s \boldsymbol{a}_s - \widetilde{s}_{s3} \boldsymbol{J}_s$$

$$(5\text{-}83)$$

然后，令 $\rho_s \times$ 式（5-82）$- \rho_\sigma \times$ 式（5-83），易知：

$$(\rho_s \partial_t \rho_\sigma \boldsymbol{u} - \rho_\sigma \partial_t \rho_s \boldsymbol{u}) + (\rho_s \nabla \cdot \rho_\sigma \boldsymbol{uu} - \rho_\sigma \nabla \cdot \rho_s \boldsymbol{uu}) =$$
$$- (\rho_s \nabla p_\sigma - \rho_\sigma \nabla p_s) - (\widetilde{s}_{\sigma 3} \rho_s \boldsymbol{J}_\sigma - \widetilde{s}_{s3} \rho_\sigma \boldsymbol{J}_s) + (\rho_s \rho_\sigma \boldsymbol{a}_\sigma - \rho_\sigma \rho_s \boldsymbol{a}_s)n$$
$$+ [\rho_s \nabla \cdot \rho_\sigma \nu_\sigma (\nabla \boldsymbol{u} + \nabla \boldsymbol{u}^T) - \rho_\sigma \nabla \cdot \rho_s \nu_s (\nabla \boldsymbol{u} + \nabla \boldsymbol{u}^T)]$$
$$+ [\rho_s \nabla(-\rho_\sigma \nu_\sigma + \rho_\sigma \xi_\sigma) \nabla \cdot \boldsymbol{u} - \rho_\sigma \nabla(-\rho_s \nu_s + \rho_s \xi_s) \nabla \cdot \boldsymbol{u}]$$

$$(5\text{-}84)$$

又由：

$$\sum_s (\rho_s \partial_t \rho_\sigma \boldsymbol{u} - \rho_\sigma \partial_t \rho_s \boldsymbol{u}) = \rho \partial_t \rho_\sigma \boldsymbol{u} - \rho_\sigma \partial_t \rho \boldsymbol{u} = -\rho_\sigma \boldsymbol{u}(\partial_t \rho) + \rho \boldsymbol{u}(\partial_t \rho_\sigma)$$

$$[5\text{-}85\,(\text{a})]$$

$$\sum_s (\rho_s \nabla \cdot \rho_\sigma \boldsymbol{uu} - \rho_\sigma \nabla \cdot \rho_s \boldsymbol{uu}) = \rho \nabla \cdot \rho_\sigma \boldsymbol{uu} - \rho_\sigma \nabla \cdot \rho \boldsymbol{uu}$$
$$= \rho(\boldsymbol{u}\nabla \cdot \rho_\sigma \boldsymbol{u} + \rho_\sigma \boldsymbol{u} \cdot \nabla \boldsymbol{u}) - \rho_\sigma [\boldsymbol{u}(\nabla \cdot \rho \boldsymbol{u}) + \rho \boldsymbol{u} \cdot \nabla \boldsymbol{u}]$$
$$= \rho \boldsymbol{u}(\nabla \cdot \rho_\sigma \boldsymbol{u}) - \rho_\sigma \boldsymbol{u}(\nabla \cdot \rho \boldsymbol{u}) \qquad [5\text{-}85\,(\text{b})]$$

$$\sum_s (\rho_s \nabla p_\sigma - \rho_\sigma \nabla p_s) = \sum_{s \neq \sigma} (\rho_s \nabla p_\sigma - \rho_\sigma \nabla p_s) = \rho \nabla p_\sigma - \rho_\sigma \nabla p$$

$$[5\text{-}85\,(\text{c})]$$

$$\sum_s (\widetilde{s}_{\sigma 3} \rho_s \boldsymbol{J}_\sigma - \widetilde{s}_{s3} \rho_\sigma \boldsymbol{J}_s) = \sum_{s \neq \sigma} (\widetilde{s}_{\sigma 3} \rho_s \boldsymbol{J}_\sigma - \widetilde{s}_{s3} \rho_\sigma \boldsymbol{J}_s) \qquad [5\text{-}85\,(\text{d})]$$

$$\sum_s (\rho_s \rho_\sigma \boldsymbol{a}_\sigma - \rho_\sigma \rho_s \boldsymbol{a}_s) = \rho \left(\rho_\sigma \boldsymbol{a}_\sigma - \frac{\rho_\sigma}{\rho} \sum_s \rho_s \boldsymbol{a}_s\right) \qquad [5\text{-}85\,(\text{e})]$$

$$\sum_s [\rho_s \nabla \cdot \rho_\sigma \nu_\sigma (\nabla \boldsymbol{u} + \nabla \boldsymbol{u}^T) - \rho_\sigma \nabla \cdot \rho_s \nu_s (\nabla \boldsymbol{u} + \nabla \boldsymbol{u}^T)] +$$
$$\sum_s [\rho_s \nabla(-\rho_\sigma \nu_\sigma + \rho_\sigma \xi_\sigma) \nabla \cdot \boldsymbol{u} - \rho_\sigma \nabla(-\rho_s \nu_s + \rho_s \xi_s) \nabla \cdot \boldsymbol{u}]$$
$$= [\rho \nabla \cdot \rho_\sigma \nu_\sigma (\nabla \boldsymbol{u} + \nabla \boldsymbol{u}^T) - \rho_\sigma \nabla \cdot \rho \nu (\nabla \boldsymbol{u} + \nabla \boldsymbol{u}^T)] +$$
$$[\rho \nabla(-\rho_\sigma \nu_\sigma + \rho_\sigma \xi_\sigma) \nabla \cdot \boldsymbol{u} - \rho_\sigma \nabla(-\rho \nu + \rho \xi) \nabla \cdot \boldsymbol{u}]$$
$$= (\rho \nabla \cdot \rho_\sigma \nu_\sigma \nabla \boldsymbol{u} - \rho_\sigma \nabla \cdot \rho \nu \nabla \boldsymbol{u}) + \rho \nabla \rho_\sigma \xi_\sigma (\nabla \cdot \boldsymbol{u}) - \rho_\sigma \nabla \rho \xi (\nabla \cdot \boldsymbol{u})$$

$$[5\text{-}85\,(\text{f})]$$

且利用单个组分的连续式（5-78）和混合物满足的连续式 [5-79（a）]，我们

多孔介质气体输运与模拟

将公式 ［5-85（a）］ 和式 ［5-85（b）］ 相加可知:

$$\sum_s \left[(\rho_s \partial_t \rho_\sigma \boldsymbol{u} - \rho_\sigma \partial_t \rho_s \boldsymbol{u}) + (\rho_s \nabla \cdot \rho_\sigma \boldsymbol{uu} - \rho_\sigma \nabla \cdot \rho_s \boldsymbol{uu}) \right]$$

$$= -\rho_\sigma \boldsymbol{u} (\partial_t \rho + \nabla \cdot \rho \boldsymbol{u}) + \rho \boldsymbol{u} (\partial_t \rho_\sigma + \nabla \cdot \rho_\sigma \boldsymbol{u})$$

$$= \rho \boldsymbol{u} (\partial_t \rho_\sigma + \nabla \cdot \rho_\sigma \boldsymbol{u})$$

$$= -\rho \boldsymbol{u} \bar{s}_{\sigma 3} \nabla \cdot \left(\tau'_\sigma + \frac{1}{s_{\sigma 3}} - 1 \right) \boldsymbol{J}_\sigma \qquad (5\text{-}86)$$

该项为混合物平均速度与质量扩散通量的乘积，因此类似方程（5-78）的推导，其同样可以忽略[65,74,78]。

由于在不可压（$\nabla \cdot \boldsymbol{u} = 0$）的假设下，我们有 $\nabla \rho \approx O(Ma^2)$ 及 $\nabla \rho_\sigma \approx O(Ma^2)$[48,108]，则式 ［5-85（f）］ 的最后一项可以忽略。因此，针对式（5-84）两边同时关于 s 组分求和，并利用估计式（5-85）和式（5-86），可得:

$$(\rho \nabla p_\sigma - \rho_\sigma \nabla p) - \rho \left(\rho_\sigma \boldsymbol{a}_\sigma - \frac{\rho_\sigma}{\rho} \sum_s \rho_s \boldsymbol{a}_s \right) = - \sum_{s \neq \sigma} (\tilde{s}_{\sigma 3} \rho_s \boldsymbol{J}_\sigma - \tilde{s}_{s3} \rho_\sigma \boldsymbol{J}_s)$$

$$(5\text{-}87)$$

另外，式（5-87）等价于如下形式:

$$\frac{1}{p} \left(\nabla p_\sigma - \frac{\rho_\sigma}{\rho} \nabla p \right) - \frac{1}{p} \left(\rho_\sigma \boldsymbol{a}_\sigma - \frac{\rho_\sigma}{\rho} \sum_s \rho_s \boldsymbol{a}_s \right) = - \sum_{s \neq \sigma} \frac{(\tilde{s}_{\sigma 3} X_s \boldsymbol{J}_\sigma - \tilde{s}_{s3} X_\sigma \boldsymbol{J}_s)}{p}$$

$$(5\text{-}88)$$

式中: p——总压力;

$X_\sigma = \rho_\sigma / \rho$——$\sigma$ 的质量分数;

$\boldsymbol{J}_\sigma$——σ 的质量通量。

若记驱动力为 $\boldsymbol{d}_\sigma = \frac{1}{p} \left(\nabla p_\sigma - \frac{\rho_\sigma}{\rho} \nabla p \right) - \frac{1}{p} \left(\rho_\sigma \boldsymbol{a}_\sigma - \frac{\rho_\sigma}{\rho} \sum_s \rho_s \boldsymbol{a}_s \right)$，则式（5-88）即可表示为形如 M-S 方程的形式如下:

$$\boldsymbol{d}_\sigma = - \sum_{s \neq \sigma} \frac{\tilde{s}_{\sigma 3} X_s \boldsymbol{J}_\sigma - \tilde{s}_{s3} X_\sigma \boldsymbol{J}_s}{p} \qquad (5\text{-}89)$$

此方程即为由当前多组分 GPLB 模型导出的宏观气体扩散模型。然后，将式 ［5-78（a）］ 中的质量组分通量 $\boldsymbol{J}_\sigma$ 代入该方程，可得:

$$\boldsymbol{d}_\sigma = - \sum_{s \neq \sigma} \frac{X_s \bar{s}_{\sigma 3} \left(\tau'_\sigma + \frac{1}{s_{\sigma 3}} - 1 \right) \boldsymbol{J}_\sigma - X_\sigma \bar{s}_{s3} \left(\tau'_\sigma + \frac{1}{s_{s3}} - 1 \right) \boldsymbol{J}_s}{p \left(\tau'_\sigma + \frac{1}{s_{\sigma 3}} - 1 \right) \Delta t} \qquad (5\text{-}90)$$

其次，将 $\boldsymbol{J}_\sigma^* = n_\sigma (u_\sigma - V)$ 代入原始 M-S 方程（5-81），我们得知:

$$d_\sigma = -\sum_{s\neq\sigma} \frac{n_s n_\sigma (\boldsymbol{u}_\sigma - \boldsymbol{V}) - n_\sigma n_s (\boldsymbol{u}_s - \boldsymbol{V})}{n^2 D_{s\sigma}} = -\sum_{s\neq\sigma} \frac{n_s n_\sigma (\boldsymbol{u}_\sigma - \boldsymbol{u}_s)}{n^2 D_{s\sigma}} \quad (5\text{-}91)$$

又由摩尔数密度 n_σ 与质量密度 ρ_σ 的关系 $n_\sigma = \rho_\sigma / m_\sigma$，以及质量组分通量的物理定义 $\boldsymbol{J}'_\sigma = \rho_\sigma (\boldsymbol{u}_\sigma - \boldsymbol{u})$，式（5-91）等价于：

$$d_\sigma = -\sum_{s\neq\sigma} \frac{\rho_s \rho_\sigma (\boldsymbol{u}_\sigma - \boldsymbol{u}) - \rho_\sigma \rho_s (\boldsymbol{u}_s - \boldsymbol{u})}{n^2 m_s m_\sigma D_{s\sigma}} = -\sum_{s\neq\sigma} \frac{\rho_s \boldsymbol{J}'_\sigma - \rho_\sigma \boldsymbol{J}'_s}{n^2 m_s m_\sigma D_{s\sigma}} \quad (5\text{-}92)$$

$$= -\sum_{s\neq\sigma} \frac{\rho (X_s \boldsymbol{J}'_\sigma - X_\sigma \boldsymbol{J}'_s)}{n^2 m_s m_\sigma D_{s\sigma}}$$

对比式（5-90）与（5-92），我们可以明显看出，当前的 LB 模型推导的多组分扩散方程与物理的 M-S 方程相一致，这也进一步表明当前 GPLB 模型在求解多组分问题的理论正确性。另一方面，联立式（5-90）与式（5-92），我们亦可得到扩散系数与松弛参数的关系如下：

$$D_{s\sigma} = \frac{\rho p}{n^2 m_s m_\sigma}\left(\tau'_\sigma + \frac{1}{\overline{s}_3} - 1\right)\Delta t \quad (5\text{-}93)$$

式中：$\boldsymbol{J}'_\sigma = \overline{S_{\sigma 3}}\left(\tau'_\sigma + \dfrac{1}{\overline{S_{\sigma 3}}} - 1\right)\boldsymbol{J}_\sigma$。

此外，由 5.4.1 小节的假设 $\overline{S_{\sigma 3}} = \overline{S_{\sigma 5}} = \overline{S_{\xi 3}} = \overline{S_{\xi 5}} = \overline{S_{s3}} = \overline{S_{s5}} = \overline{S_3}$ 及 $\tau'_\sigma = \tau'_\xi = \tau'_s$，针对三组分混合体系，其有如下关系式成立：

$$D_{s\sigma} = \frac{\rho p}{n^2 m_s m_\sigma}\left(\tau'_\sigma + \frac{1}{\overline{s_{\sigma 3}}} - 1\right)\Delta t \quad [5\text{-}94\ (a)]$$

$$D_{\sigma\xi} = \frac{\rho p}{n^2 m_\sigma m_\xi}\left(\tau'_\sigma + \frac{1}{\overline{s_3}} - 1\right)\Delta t \quad [5\text{-}94\ (b)]$$

$$D_{\xi s} = \frac{\rho p}{n^2 m_\xi m_s}\left(\tau'_\sigma + \frac{1}{\overline{s_3}} - 1\right)\Delta t \quad [5\text{-}94\ (c)]$$

式中：$D_{s\sigma} = D_{\sigma s}$，$D_{\xi\sigma} = D_{\sigma\xi}$，$D_{\xi s} = D_{s\xi}$ 分别为 σ，ξ，s 三组分混合物中每两种不同组分之间的相互扩散系数。

观察等式 [5-94（a）]，我们发现当 $\tau'_\sigma = 1/2$ 时，该关系式与 Zheng 等人[39] 关于两组分的情形完全一致，因此可以说文献 [39] 的工作是当前三组分模型的一种特例。在下一小节，我们将通过数值模拟来进一步研究当前的 GPLB 模型的有效性。

5.4.3　管道中多组分气体输运规律的数值研究

在该小节，我们将选取有关两组分和三组分的几个不同算例来进行数值研究，且为了数值模拟的简单化，下面我们均以 LW 格式为例，即 $q_i = A_i^2$（$i=\sigma$，ξ，s）来说明。然而，在数值算例模拟之前，我们需要就模型参数的选取给出几点注释。

首先，由扩散系数与松弛参数之间的关系式（5-94），我们很容易发现：

$$D_{\sigma\xi} m_s m_\sigma = D_{\sigma s} m_\sigma m_s = D_{\xi s} m_\xi m_s \qquad (5-95)$$

即：

$$\frac{D_{\sigma\xi}}{D_{\sigma s}} = \frac{m_s}{m_\xi}, \frac{D_{\xi s}}{D_{\sigma s}} = \frac{m_\sigma}{m_\xi} \qquad (5-96)$$

这也意味着，如果三组分系统中的成分给定（即其不同组分间的相互扩散系数确定），那么组分的相对分子质量亦可通过式（5-96）被确定。目前，已有许多学者使用该种参数选取方法来研究多组分气体的输运，并简称该方法为可调分子量（tuning-molecular-weight）方法[69-73,78]，数值研究亦表明，该方法针对三组分气体具有较好的适用性[71,72]。

其次，由于不同组分具有相异的分子速度 $c_\sigma = A_\sigma c = A_\sigma \Delta x/\Delta t$，且一般分子质量较轻的气体运动速度较分子质量大的气体大[15]，因此，为了消除由浓度差所引起的压力梯度的变化，我们在此令不同组分的声速仍满足条件：[67,69,78]

$$c_{s\sigma}^2 m_\sigma = c_{ss}^2 m_s = c_{s\xi}^2 m_\xi \qquad (5-97)$$

式中：声速 $c_{s\sigma} = c_\sigma / \sqrt{3}$。

值得说明的是，由于参数 $0 < A_\sigma$，A_ξ，$A_s \leqslant 1$，故我们不妨设分子质量最小的组分的分子速度 $c_\sigma = c$，$A_\sigma = 1$（假设 $m_\sigma \leqslant m_\xi \leqslant m_s$），那么显然其他组分的分子速度 c_i 及参数 A_i（$i=\sigma$，ξ，s）可由式（5-98）确定：

$$\frac{c_\sigma}{c_\xi} = \frac{A_\sigma}{A_\xi} = \sqrt{\frac{m_\xi}{m_\sigma}}, \quad \frac{c_\sigma}{c_s} = \frac{A_\sigma}{A_s} = \sqrt{\frac{m_s}{m_\sigma}} \qquad (5-98)$$

此外，在下面的数值模拟中，与组分粘性有关的松弛参数 $\overline{S_{i7}} = \overline{S_{i8}}$ 根据表达式 $\nu_\sigma = c_{s\sigma}^2 \left(\tau_\sigma' + \dfrac{1}{S_{\sigma7}} - 1 \right) \Delta t$ 确定，与扩散系数有关的松弛参数 $\overline{S_{i3}} = \overline{S_{i5}} = \overline{S_3}$ 由式（5-94）确定，与守恒量无关的松弛参数 $\overline{S_{i0}} = 0$，且剩余其他松弛参数均取为 1（这里 $i=\sigma$，ξ，s）。

5.4.3.1　两组分扩散问题

首先，我们选取一个具有较大分子质量比（$m_b/m_a = 500$）的两组分混合物来验证当前的 GPLB 模型的准确性[39,55,56]。该两组分系统在初始时刻于分界面处有明显的浓度差：

$$y < 0: \quad \xi_a = 90\%, \quad \xi_b = 10\%$$
$$y \geq 0: \quad \xi_a = 10\%, \quad \xi_b = 90\% \tag{5-99}$$

式中：摩尔分数 $\xi_a = n_a/n$ ，这里 n_a ， n 分别为 a 组分的摩尔浓度和总摩尔浓度。

在该物理条件下，此问题具有如下的解析解：[39,109]

$$\xi_a = \frac{1}{2} + \frac{\Delta \xi_a}{2} erf \left(\frac{y}{2\sqrt{D_{ab}t}} \right) \tag{5-100}$$

式中： $\xi_a = 1 - \xi_b$ ， $\Delta \xi_a$ 为 a 组分上下半平面初始的摩尔分数之差，函数 erf 是误差函数，且其定义通常如下：

$$erf(x) = \frac{2}{\sqrt{\pi}} \int_0^x e^{-\eta^2} d\eta \tag{5-101}$$

基于文献［110］关于扩散问题的研究，我们易知该两组分系统的扩散系数 $D_{ab} = D_{ba} = D$ 为常数，因此，在下面的模拟中我们不妨取 $D = 0.05$ 。此外，为了保证数值模拟在有限的计算区域与无限的物理区域内的结果相一致[109]，这里我们不妨设计算区域和网格分辨率分别为 ［−1, 1］ × ［−6, 6］ 和 40×240，则 $\Delta x = 1/20$ 。

鉴于该两组分系统中 $m_a \ll m_b$ ，我们在数值模拟中令 $c_a = c = \Delta x/\Delta t$ ， $c_b = c_a \sqrt{m_a/m_b}$ 从而有 $A_a = 1$ ， $A_b = c_b/c$ ，其中 $\Delta t = 5 \times 10^{-4}$ 。接下来，为了探究当前模型针对该瞬态问题随着时间演化的准确性，我们将 a ， b 组分在时刻 $t = 1$, 5, 20 时的摩尔分数沿着 y 方向的演化规律分别展示在图 5–15 中。从图 5–15 中，我们可以明显地看出，当前模型的数值结果在不同时刻均与其相应的解析解吻合较好，且发现随着时间的演化，单个组分摩尔浓度的分布在空间中逐渐成连续分布。该

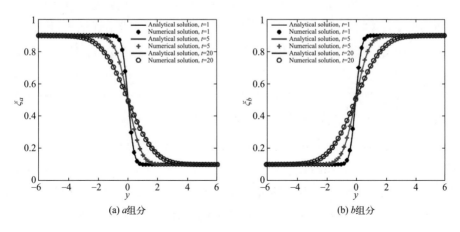

(a) a 组分　　　　　　　　　　(b) b 组分

图 5–15　不同时刻下， σ 组分所占的摩尔分数 ξ_σ 沿 y 方向的分布

数值结果也进一步说明当前模型的正确性，且在刻画分子质量比很大的组分体系中具有较大的优势。

5.4.3.2 三组分耦合扩散问题

在上述较为简单的两组分算例的基础上，我们接下来将考虑一个更为复杂的三组分耦合扩散问题[109,111,112]，其具有如下的初始条件：

$$\xi_a = \begin{cases} 0.8, & 0 \leqslant x < 0.25 \\ 1.6(0.75 - x), & 0.25 \leqslant x < 0.75 \\ 0, & 0.75 \leqslant x \leqslant 1 \end{cases} \qquad (5\text{-}102)$$

$$\xi_b = 0.2, \quad 0 \leqslant x \leqslant 1,$$

$$\xi_c = 1 - \xi_a - \xi_b, \quad 0 \leqslant x \leqslant 1$$

和边界条件：

$$\begin{aligned} x = 0 &: \partial \xi_s / \partial x = 0 \\ x = 1 &: \partial \xi_s / \partial x = 0 \end{aligned} \quad (s = a, b, c) \qquad [5\text{-}103\ (a)]$$

$$\xi_s|_{y=0} = \xi_s|_{y=1} (s = a, b, c) \qquad [5\text{-}103\ (b)]$$

且此时三种组分 a，b，c 之间的相互扩散率分别为 $D_{ab} = D_{ac} = 0.833$，$D_{bc} = 0.168$。由相互扩散系数与分子量的关系式（5-94），我们易知组分的分子量为 $m_a < m_b = m_c$，则我们不妨设质量最小的组分的分子量 $m_a = 1$ 及其分子速度 $c_a = c$。因此，类似地，我们即得 $m_b = m_c = D_{ab} / D_{bc}$ 且 $c_b = c_c = c_a \sqrt{m_a / m_b}$。值得说明的是，针对该问题的模拟，水平方向和竖直方向分别采用半步长反弹和周期边界的处理格式。

为了探究该三组分体系中不同组分之间的相互作用，我们首先研究了 a，b，c 组分在 $[0, 1] \times [0, 1]$ 区域内随着时间的变化规律，其中网格数为 200×200，$\Delta t = 3 \times 10^{-6}$。为了简化起见，我们这里仅将 $x = 0.72$ 位置处的摩尔分数显示在图 5-16 中，并将数值结果分别与前人的结果[109,111] 进行了详细的对比。从该图中，我们可以发现当前模拟结果与 Geiser 等人[111] 和 Chai 等人[109] 在不同时刻 t 的摩尔分布均一致。另外，观察图 5-16，我们可以清晰地看到，$x = 0.72$ 点处组分 a 的摩尔分数 ξ_a 随着时间的延长逐渐增加，并最后达到一个近似的平衡状态 $\xi_a = 0.4$，这也进一步表明 a 组分的模拟结果符合 Fick 定律。

然而，对比图 5-16 中 b 组分在该点处的浓度变化，我们很容易发现一个反常的变化趋势：对比初始时刻计算区域的左、右半平面 b 组分的浓度分布，易知此时该组分不存在梯度的变化，因此由菲克定律的定义，在区域内应该不存在 b 组分的扩散；相反地，从该图中我们看到 ξ_b 随着时间的演化，其在 $0 < t < 0.2$ 区间内呈现明显的下降趋势，然后又缓慢回升至初始的平衡状态 $\xi_a = 0.2$（如 $t = 1$ 时

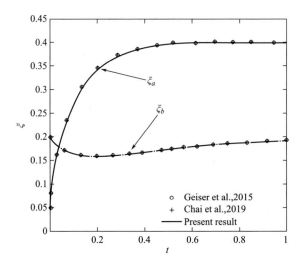

图 5-16　组分 a, b 在 $x=0.72$ 处的摩尔分数 ξ_a 和 ξ_b 随着时间 t 的演化规律

刻)，即表现出与菲克定律看似矛盾的现象，但是这一有趣的物理现象，Duncan 和 Toor[12] 通过实验的方法已经观测到类似现象。该数值结果也进一步表明，在多组分体系中组分之间的相互作用较两组分混合物更为复杂，且单个组分的扩散会不断受到其他组分的交叉作用。

另外，为了更清晰地对比三种不同组分在全空间的浓度分布情形，我们分别将其摩尔分数沿 x 方向的分布画在图 5-17~图 5-19 中。由此三幅图可知，三种组分在不同时刻（$t=0.1$，0.3，1.0，5.0）沿 x 方向均呈连续变化，且发现 ξ_a

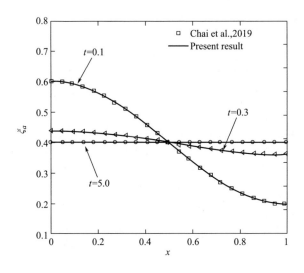

图 5-17　不同时刻下，a 组分所占的摩尔分数 ξ_a 沿 x 方向的分布

在不同时刻的分布与 Chai 等人的结果也相一致。此外，a，c 两组分的变化趋势如图 5-17 和图 5-18 所示，均随着时间的演化逐渐趋近于其最终的平衡状态。这一原因可能是由于扩散系数 $D_{ab} = D_{ac}$，因此，没有其他组分的交叉影响。但是 b 组分的分布在 $t = 0.3$ 时刻呈现反常的变化，其中 ξ_b 在 $0.18 \leqslant x \leqslant 0.75$ 区间内的值明显大于 $t = 0.1$ 时刻的分布，此与靠近左右边界处的梯度变化值的符号相反（边界点处，$t = 0.3$ 时刻的摩尔分数均小于 $t = 0.1$ 时刻），出现这一现象的原因可能由于 $D_{ab} \neq D_{bc}$，存在多种组分之间的相互作用导致，该结果也与 Chai 等人工作中的研究结果吻合。

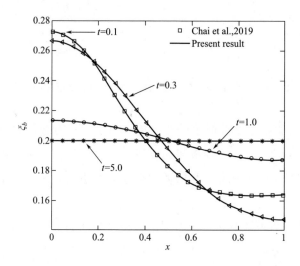

图 5-18　不同时刻下，b 组分所占的摩尔分数 ξ_b 沿 x 方向的分布

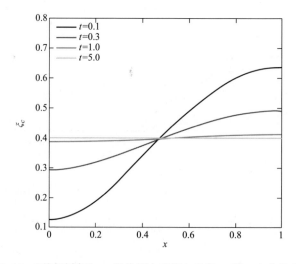

图 5-19　不同时刻下，c 组分所占的摩尔分数 ξ_c 沿 x 方向的分布

5.4.3.3　Loschmidt 管道中的三组分扩散问题

考虑到上一算例为部分相互扩散系数相同的特殊三组分情形，这里我们将研究一个更加一般的复杂混合物体系在 Loschmidt 管道中的扩散[25]。该物理工况如图 5-20 所示，其物理长度 L 满足 $(L/\pi)^2$。此外，该系统是由甲烷（CH_4）、氩气（Ar）和氢气（H_2）三种不同的气体组成，易知其相互扩散系数为 $D_{CH_4-Ar} = 21.57 mm^2/s$，$D_{CH_4-H_2} = 77.16 mm^2/s$，$D_{Ar-H_2} = 83.35 mm^2/s$[104,109,113]，且三种气体在初始时刻和边界处的浓度分布如下：

$$\xi_a = \begin{cases} 0.515, & 0 \leq y \leq L \\ 0, & -L \leq y \leq 0 \end{cases}, \quad \xi_b = \begin{cases} 0.485, & 0 \leq y \leq L \\ 0.509, & -L \leq y \leq 0 \end{cases}$$

$$\xi_c = \begin{cases} 0, & 0 \leq y \leq L \\ 0.491, & -L \leq y \leq 0 \end{cases} \qquad [5-104（a）]$$

$$x = \pm L, \quad \xi_s|_{x=-L} = \xi_s|_{x=L}(s = a,b,c) \qquad [5-104（b）]$$

$$y = \pm L, \quad \partial \xi_s/\partial y = 0(s = a,b,c) \qquad [5-104（c）]$$

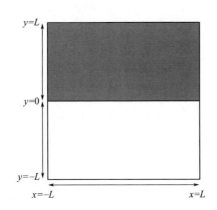

图 5-20　Loschmidt 管道中三种组分扩散的工况示意图

为了与前人的结果进行定量的对比，我们这里采用 Chai 等人[109] 的特征值选取规则（即 $\bar{x} = \dfrac{x}{L_{ref}}$，$\bar{t} = \dfrac{t}{t_{ref}}$，$\overline{D_{ij}} = D_{ij}t_{ref}/L_{ref}^2$，其中：$L_{ref} = L = \pi\sqrt{1/60} m$，$t_{ref} = L_{ref}^2 s/cm^2$），以将当前问题的长度和相互扩散系数分别转化为无量纲数 $\bar{L} = 1.0$，$\overline{D_{ab}} = 0.2157$，$\overline{D_{ac}} = 0.7716$，$\overline{D_{bc}} = 0.8335$，从而，当前数值模拟参数的选取即可仿照上例的方式来确定。此外，上、下半平面的平均摩尔分数 $\overline{\xi_s}$（$s = a$，b，c）定义为[104,109]：

$$\overline{\xi_i} = \frac{1}{2L^2}\int_{x=-L}^{L}\int_{y=0}^{L}\xi_s\,\mathrm{d}x\mathrm{d}y(\mathbf{Top}),\overline{\xi_s}=\frac{1}{2L^2}\int_{x=-L}^{L}\int_{y=-L}^{0}\xi_s\,\mathrm{d}x\mathrm{d}y(\mathbf{Bottom})$$

$$(5-105)$$

并分别将平均摩尔分数 $\overline{\xi_a}$ 和 $\overline{\xi_b}$ 在 $\Delta x = 1/100$，$\Delta t = 2\times10^{-5}$ 情形下，随长时间演化的规律显示在图 5-21 中，且图中易看出当前模型的数值结果与前人的实验、理论及数值结果吻合较好。

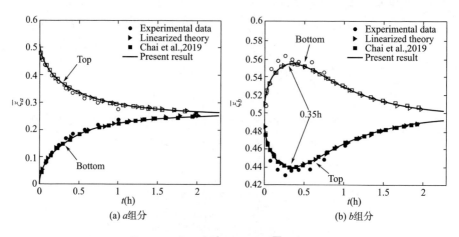

图 5-21　第 i 种组分的平均摩尔分数 $\overline{\xi_i}$ 随时间的演化规律

　　如图 5-21 所示，实心和空心圆形标记代表实验数据[104]；实心和空心三角形标记代表中的线性化理论的结果[104]；实心和空心方形标记代表 Chai 等人模型的数值结果[109]；实线代表当前 LB 模型的结果（其中 h 代表单位小时）。组分 a 在上半平面的平均摩尔分数 $\overline{\xi_a}$ 随着时间 t 的增长而逐渐减小，相反地，下半平面呈现相反的趋势。事实上，如图 5-22（a）（$\overline{t}=5$）所示，我们可以更加清楚地看到，随着时间的充分演化，上下半平面的摩尔数分布最终将逐渐趋向于一个平衡状态的值。该数值结果表明，虽然有不同组分之间的交叉影响，但是 a 组分的变化趋势此时仍然满足菲克定律。然而，当我们研究 b 组分的平均摩尔分数时[图 5-22（b）]，我们可以看出，虽然当前模拟结果与前人的理论结果和数值结果吻合较好，但是表现出一种不同于 a 组分的演化趋势：$\overline{\xi_b}$ 在 Loschmidt 管道的上半平面首先减小，并在 $t=0.35$h 时刻达到最小值，然后又逐渐增加。同时，我们可以发现下半平面的 $\overline{\xi_b}$ 表现出相反的变化规律，并在 $t=0.35$h 时刻达到最大值，之后逐渐降低，这一有趣物理现象均进一步证明多组分系统中存在不同组分间的耦合效应，也证明当前模型在刻画多组分输运的有效性。

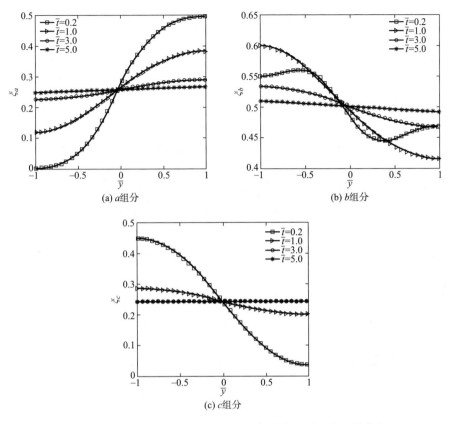

图 5-22　不同时刻下，不同组分的摩尔分数 ξ_i 沿 y 方向的分布

　　另外，对比几种不同组分的摩尔分数沿着 y 方向的分布图 5-22 可知，虽然 a，c 组分在初始时刻上下边界具有明显的浓度差，但是随着时间的延长均呈逐渐平缓的变化趋势 ［图 5-22（a）、图 5-22（c）］。尽管 b 组分经过较长时间的演化也逐渐趋近于一个近似平衡状态，如 $\bar{t} = 5$，见图 5-22（b），但不同于 a，c 组分的是，其在初始时刻（比如 $\bar{t} = 0.2$）上下边界拥有较小的浓度差，然而，受其他两种组分的相互影响，使得其即使在下边界已经处于占据较大的摩尔分数的情形下，但随着时间的增加 $\bar{\xi_b}$ 仍然有增加的趋势，例如，$\bar{t} = 1$ 时刻，如图 5-22（b）所示，同时，下边界处的浓度值呈现相反变化。

参考文献

[1]　E. Ozdemir, Modeling of coal bed methane（CBM）production and CO2 sequestration in coal

seams [J]. Int. J. Coal Geol. , 2009, 77: 145-152.

[2] X. C. Li, Z. M. Fang. Current status and technical challenges of CO_2 storage in coal seams and enhanced coalbed methane recovery: an overview [J]. Int. J. Coal Sci. Techn. , 2014 (1): 93-102.

[3] G. P. Zhu, J. Yao, A. F. Li, et al. Pore-scale investigation of carbon dioxide-enhanced oil recovery [J]. Energ. Fuel. , 2017 (31): 5324-5332.

[4] 姚军, 孙海, 黄朝琴, 等. 页岩气藏开发中的关键力学问题 [J]. 中国科学: 物理学, 力学, 天文学, 2013 (43): 1527-1547.

[5] A. Sharma, S. Namsani, J. K. Singh, Molecular simulation of shale gas adsorption and diffusion in inorganic nanopores [J]. Mol. Simulat. , 2015 (41): 414-422.

[6] K. Mosher, J. J. He, Y. Y. Liu, et al. Molecular simulation of methane adsorption in micro-and mesoporous carbons with applications to coal and gas shale systems [J]. Int. J. Coal Geol. , 2013 (109): 36-44.

[7] M. Andersson, J. L. Yuan, B. Sund'en. Review on modeling development for multiscale chemical reactions coupled transport phenomena in solid oxide fuel cells [J]. Appl. Energ. , 2010 (87): 1461-1476.

[8] J. L. Yuan, B. Sunden. On mechanisms and models of multi-component gas diffusion in porous structures of fuel cell electrodes [J]. Int. J. Heat Mass Tran. , 2014, 69: 358-374.

[9] Z. Z. Zeng, Y. P. Qian, Y. J. Zhang, et al. A review of heat transfer and thermal management methods for temperature gradient reduction in solid oxide fuel cell (SOFC) stacks [J]. Appl. Energ. , 2020, 280: 115899.

[10] R. B. Bird, W. Stewart, E. Lightfoot. Transport phenomena [M]. New York: John Wiley & Sons, 2002.

[11] F. N. Cayan, S. R. Pakalapati, F. Elizalde-Blancas, et al. On modeling multicomponent diffusion inside the porous anode of solid oxide fuel cells using Fick's model [J]. J. Power Sources, 2009, 192: 467-474.

[12] J. B. Duncan, H. L. Toor. An experimental study of three component gas diffusion [J]. A. I. Ch. E. J. , 1962 (8): 38-41.

[13] H. L. Toor. Diffusion in three-component gas mixtures [J]. A. I. Ch. E. J. , 3 (1957) 198-207.

[14] S. Takata, S. Yasuda, S. Kosuge, et al. Numerical analysis of thermal-slip and diffusion-slip flows of a binary mixture of hard-sphere molecular gases [J]. Phys. Fluids, 2003 (15): 3745-3766.

[15] A. A. Stepanenko, V. A. Zaznoba, V. Zhdanov. Boundary slip phenomena in multicomponent gas mixtures [J]. Phys. Fluids, 2019 (31): 062105.

[16] C. Moyne, T. D. Le, G. Maranzana. Upscaled model for multicomponent gas transport in porous

media incorporating slip effect ［J］. Transport Porous Med. , 2020, 135: 309-330.

［17］ J. W. Wang. Continuum theory for dense gas-solid flow: A state-of-the-art review ［J］. Chem. , Eng. Sci. , 2020, 215: 115428.

［18］ F. Sharipov. Gaseous mixtures in vacuum systems and microfluidics ［J］. J. Vac. Sci. Technol. A, 2013, 31: 050806.

［19］ L. Szalmas. Isothermal flows of rarefied ternary gas mixtures in long tubes ［J］. Microfluid. Nanofluid. , 2014, 17: 1095-1104.

［20］ R. Krishna, J. A. Wesselingh. The Maxwell-Stefan approach to mass transfer ［J］. Chem. , Eng. Sci. , 1997, 52: 861-911.

［21］ W. E. Stewart, R. Prober. Matrix calculation of multicomponent mass transfer in isothermal systems ［J］. Ind. Eng. Chem. Fund. , 1964 (3) 224-235.

［22］ N. Zamel, X. G. Li. Effective transport properties for polymer electrolyte membrane fuel cells—With a focus on the gas diffusion layer ［J］. Prog. Energ. Combust. , 2013, 39: 111-146.

［23］ A. Bazylak. Liquid water visualization in PEM fuel cells: A review ［J］. Int. J. Hydrogen Energ. , 2009, 34: 3845-3857.

［24］ A. Fick. Ueber diffusion ［J］. Ann. Phys-Berlin, 1855, 170: 59-86.

［25］ K. R. Arnold, H. L. Toor. Unsteady diffusion in ternary gas mixtures ［J］. A. I. Ch. E. J. , 1967, 13: 909-914.

［26］ W. Lehnert, J. Meusinger, F. Thom. Modelling of gas transport phenomena in SOFC anodes ［J］. J. Power Sources, 2000, 87: 57-63.

［27］ H. L. Toor. Solution of the linearized equations of multicomponent mass transfer: I ［J］. A. I. Ch. E. J. , 1964, 18: 448-455.

［28］ T. Veltzke, L. Kiewidt, J. Thöming. Multicomponent gas diffusion in nonuniform tubes ［J］. A. I. Ch. E. J. , 2015, 61: 1404.

［29］ P. S. Weber, D. Both. Applicability of the linearized theory of the Maxwell-Stefan equation ［J］. A. I. Ch. E. J. , 2016, 62: 2929-2946.

［30］ D. Dubbeldam, R. Q. Snurr. Recent developments in the molecular modeling of diffusion in nanoporous materials ［J］. Mol. Simulat. , 33 (2007) 305-325.

［31］ 李睿, 樊建芬, 宋学增. 气体分子在纳米孔道材料中扩散传输的分子动力学研究进展 ［J］. 分子科学学报, 2013, 29: 276-284.

［32］ H. X. Hu, L. Du, Y. F. Xing, et al. Detailed study on self-and multicomponent diffusion of CO2-CH4 gas mixture in coal by molecular simulation ［J］. Fuel, 2017, 187: 220-228.

［33］ 宋颖韬, 徐曾. 气固反应与多组分气体对流反应扩散问题的研究 ［J］. 中国稀土学报, 2004, 22: 239-244.

［34］ 晏玉婷, 李俊明. 多组分气体在多孔介质中扩散过程的数值模拟 ［J］. 工程热物理学

报，2018，39：603-608.

[35] S. A. Hosseini, A. Eshghinejadfard, N. Darabihaand D. Thévenina. Weakly compressible lattice Boltzmann simulations of reacting flows with detailed thermo – chemical models ［J］. Comput. Math. Appl. , 2020（79）：141-158.

[36] A. Date. Introduction to computational fluid dynamics ［M］. Cambridge：Cambridge University Press，2005.

[37] H. Versteeg and W. Malalasekera. An introduction to computational fluid dynamics：the finite volume method ［M］. UK：Pearson education，2007.

[38] Z. X. Tong, Y. L. He, W. Q. Tao. A review of current progress in multiscale simulations for fluid flow and heat transfer problems：The frameworks, coupling techniques and future perspectives ［J］. Int. J. Heat Mass Tran. , 2019（137）：1263-1289.

[39] L. Zheng, Z. L. Guo, B. C. Shi, et al. Finite-difference-based multiple-relaxation-times lattice Boltzmann model for binary mixtures ［J］. Phys. Rev. E, 2010（81）：016706.

[40] 樊菁，沈青. 微尺度气体流动 ［J］. 力学进展，2002，32：321-336.

[41] Q. Zheng, H. L. Wang, X. Y. Guo. Research on the effect of surface roughness on gas diffusion coefficient of porous media embedded with a fractal–like tree network ［J］. Fractals, 2021（29）：2150195.

[42] Z. Z. Yin, Q. Zheng, H. L. Wang, et al. Effective gas diffusion coefficient of fractal porous media with rough surfaces by Monte Carlo simulations ［J］. Fractals, 2022（30）：2250010.

[43] B. Q. Xiao, S. Wang, Y. Wang, et al. Effective thermal conductivity of porous media with roughened surfaces by fractal-Monte Carlo simulations ［J］. Fractals, 2020（28）：2050029.

[44] T. Kruger, H. Kusumaatmaja, A. Kuzmin, et al. The lattice Boltzmann method ［J］. Springer International Publishing, 2017（10）：978-983.

[45] 何雅玲，李庆，王勇，等. 格子 Boltzmann 方法的理论及应用 ［M］. 北京：高等教育出版社，2023.

[46] S. Succi. The lattice Boltzmann equation：for fluid dynamics and beyond ［M］. Oxford：Oxford University press，2001.

[47] 郭照立，郑楚光. 格子 Boltzmann 方法的原理及应用 ［M］. 北京：科学出版社，2009.

[48] Z. L. Guo, C. Shu. Lattice Boltzmann method and its applications in engineering ［J］. Singapore：World Scientific，2013.

[49] C. K. Aidun, J. R. Clausen. Lattice – Boltzmann method for complex flows ［J］. Annu. Rev. Fluid Mech. , 2010（42）：439-472.

[50] L. Sirovich. Kinetic modelling of gas mixtures ［J］. Phys. Fluids, 1962（5）：908-918.

[51] L. Sirovich. Mixtures of Maxwell molecules ［J］. Phys. Fluids, 1966（9）：2323-2326.

[52] B. B. Hamel. Kinetic models for binary mixtures ［J］. Phys. Fluids, 1965（8）：418-425.

［53］B. B. Hamel. Two-fluid hydrodynamic equations for a neutral, disparate-mass, binary mixtures ［J］. Phys. Fluids, 1966 (9): 12-22.

［54］A. N. Gorban, I. V. Karlin. General approach to constructing models of the Boltzmann equations ［J］. Physica. A, 1994, 206: 401-420.

［55］S. Arcidiacono, J. Mantazaras, S. Ansumali, et al. Simulation of binary mixtures with the lattice Boltzmann method ［J］. Phys. Rev. E, 2006 (74): 056707.

［56］S. Arcidiacono, I. V. Karlin, J. Mantazaras, et al. Lattice Boltzmann model for the simulation of multicomponent mixtures ［J］. Phys. Rev. E, 2007 (76): 046703.

［57］E. Chiavazzo, I. V. Karlin, A. N. Gorban, et al. Combustion simulation via lattice Boltzmann and reduced chemical kinetics ［J］. J. Stat. Mech-Theory E., 2009 (6): 6-13.

［58］N. Sawant, B. Dorschner, I. V. Karlin. A lattice Boltzmann model for reactive mixtures ［J］. Philos. T. R. Soc. A, 2021, 379.

［59］N. Sawant, B. Dorschner, I. V. Karlin. Consistent lattice Boltzmann model for multicomponent mixtures ［J］. J. Fluid Mech., 2021 (909): 1-48.

［60］S. Chapman, T. G. Cowling, D. Burnett. The mathematical theory of non-uniform gases: an account of the kinetic theory of viscosity, thermal conduction and diffusion in gases ［M］. Cambridge: Cambridge University press, 1990.

［61］V. Sofonea, R. F. Sekerka. BGK models for diffusion in isothermal binary fluid systems ［J］. Physica A, 2001 (299): 494-520.

［62］H. Grad In Rarefied Gas Dynamics ［M］. New York: Pergamon Press, 1960.

［63］S. Harris. An introduction to the theory of the Boltzmann equation ［M］. New York: Holt, Rinehart and Winston, 1971.

［64］L. -S. Luo, S. S. Girimaji. Lattice Boltzmann model for binary mixtures ［J］. Phys. Rev. E, 2002 (66): 035301.

［65］L. -S. Luo, S. S. Girimaji. Theory of the lattice Boltzmann method: two-fluid model for binary mixtures ［J］. Phys. Rev. E, 2003 (67): 036302.

［66］J. H. Ferziger, H. G. Kaper. Mathematical Theory of Transport Processes in Gases ［M］. New York: Elsevier, 1972.

［67］M. E. McCracken, J. Abraham. Lattice Boltzmann methods for binary mixtures with different molecular weights ［J］. Phys. Rev. E, 2005 (71): 046704.

［68］M. E. McCracken, J. Abraham. Simulations of gas mixing layers with a lattice Boltzmann binary fluid model ［J］. Int. J. Mod. Phys. C, 2005 (16): 533-547.

［69］A. A. Joshi, A. A. Peracchio, K. N. Grew, et al. Chiu. Lattice Boltzmann method for multi-component, noncontinuum mass diffusion ［J］. J. Phys. D Appl. Phys., 2007 (40): 7593.

［70］A. A. Joshi, K. N. Grew, A. A. Peracchio, et al. Chiu. Lattice Boltzmann modeling of 2D gas transport in a solid oxide fuel cell anode [J]. J. Power Sources, 2007 (164): 631-638.

[71] K. N. Grew, A. A. Joshi, A. A. Peracchio, et al. Chiu. Pore-scale investigation of mass transport and electrochemistry in a solid oxide fuel cell anode [J]. J. Power Sources, 2010 (195): 2331-2345.

[72] K. N. Grew, A. A. Joshi, W. KS. Chiu. Direct internal reformation and mass transport in the solid oxide fuel cell anode: A pore-scale lattice Boltzmann study with detailed reaction kinetics [J]. Fuel Cells, 2010 (10): 1143-1156.

[73] A. A. Joshi, K. N. Grew, J. R. Izzo, et al. Lattice Boltzmann modeling of three-dimensional, multicomponent mass diffusion in a solid oxide fuel cell anode [J]. J. Fuel Cell Sci. Tech., 2010 (7): 011006.

[74] P. Asinari. Viscous coupling based lattice Boltzmann model for binary mixtures [J]. Phys. Fluids, 2005 (17): 067102.

[75] P. Asinari. Semi-implicit-linearized multiple-relaxation-time formulation of lattice Boltzmann schemes for mixture modeling [J]. Phys. Rev. E, 2006 (73): 056705.

[76] P. Asinari, L. -S Luo. A consistent lattice Boltzmann equation with baroclinic coupling for mixtures [J]. J. Comput. Phys., 2008 (227): 3878-3895.

[77] Z. L. Guo, T. S. Zhao. Finite-difference-based lattice Boltzmann model for dense binary mixtures [J]. Phys. Rev. E, 2005 (71): 026701.

[78] Z. X. Tong, Y. L. He, L. Chen, et al. A multi-component lattice Boltzmann method in consistent with Stefan-Maxwell equations: Derivation, validation and application in porous medium [J]. Comput. Fluids, 2014 (105): 155-165.

[79] H. Xu, Z. Dang. Finite difference lattice Boltzmann model based on the two-fluid theory for multicomponent fluids [J]. Numer. Heat Tr. B-Fund., 2017 (72): 250-267.

[80] 徐晗, 党政, 白博峰. SOFC 电极多组分传质过程的格子 Boltzmann 模拟 [J]. 工程热物理学报, 2013, 34: 1711-1714.

[81] H. Xu, Z. Dang, B. F. Bai. Electrochemical performance study of solid oxide fuel cell using lattice Boltzmann method [J]. Energy, 2014 (67): 575-583.

[82] Z. Dang, H. Xu. Pore scale investigation of gaseous mixture flow in porous anode of solid oxide fuel cell [J]. Energy, 2016 (107): 295-304.

[83] H. Xu, Z. Dang. Lattice Boltzmann modeling of carbon deposition in porous anode of a solid oxide fuel cell with internal reforming [J]. Appl. Energ., 2016 (178): 294-307.

[84] Z. L. Guo, C. G. Zheng, T. S. Zhao. A lattice BGK scheme with general propagation [J]. J. Sci. Comput., 2001 (16): 569.

[85] X. Y. Guo, B. C. Shi, Z. H. Chai. General propagation lattice Boltzmann model for nonlinear advection diffusion equations [J]. Phys. Rev. E, 2018 (97): 043310.

[86] Z. L. Guo, C. G. Zheng, B. C. Shi. Discrete lattice effects on the forcing term in the lattice Boltzmann method [J]. Phys. Rev. E, 2002 (65): 046308.

[87] Z. L. Guo, C. G. Zheng, B. C. Shi. Non-equilibrium extrapolation method for velocity and pressure boundary conditions in the lattice Boltzmann method [J]. Chinese Physics, 2002 (11): 366.

[88] Z. L. Guo, C. G. Zheng, B. C. Shi. An extrapolation method for boundary conditions in lattice Boltzmann method [J]. Phys. Fluids, 2002 (14): 2007-2010.

[89] A. J. C. Ladd. Numerical simulations of particulate suspensions via a discretized Boltzmann equation. Part 2. Numerical results [J]. J. Fluid Mech., 1994 (271): 311-339.

[90] X. Y. He, Q. Zou, L. S Luo, et al. Analytic solutions of simple flows and analysis of nonslip boundary conditions for the lattice Boltzmann BGK model [J]. J. Stat. Phys., 1997 (87): 115-136.

[91] A. J. C. Ladd. Numerical simulations of particulate suspensions via a discretized Boltzmann equation. Part 1. Theoretical foundation [J]. J. Fluid Mech., 1994 (271): 285-309.

[92] J. T. Huang, W. A. Yong. Boundary conditions of the lattice Boltzmann method for convection-diffusion equations [J]. J. Comput. Phys., 2015 (300): 70-91.

[93] J. Huang, Z. Hu, W. A. Yong. Second-order curved boundary treatments of the lattice Boltzmann method for convection-diffusion equations [J]. J. Comput. Phys., 2016 (310): 26-44.

[94] N. Jeong, D. H. Choi, C. L. Lin. Estimation of thermal and mass diffusivity in a porous medium of complex structure using a lattice Boltzmann method [J]. Int. J. Heat Mass Tran., 2008 (51): 3913-3923.

[95] S. Li, L. J. Lee and J. Castro. Effective mass diffusivity in composites [J]. J. Compos. Mater., 2002, 36: 1709-1724.

[96] S. Trinh, P. Arce, B. R. Locke. Effective diffusivities of point-like molecules in isotropic porous media by Monte Carlo simulation [J]. Transport Porous Med., 2000 (38): 241-259.

[97] Z. H. Chai, C. S. Huang, B. C. Shi, et al. A comparative study on the lattice Boltzmann models for predicting effective diffusivity of porous media [J]. Int. J. Heat Mass Tran., 2016 (98): 687-696.

[98] J. Alvarez-Ramirez, S. Nieves-Mendoza, J. Gonzalez-Trejo. Calculation of the effective diffusivity of heterogeneous media using the lattice-Boltzmann method [J]. Phys. Rev. E, 1996 (53): 2298.

[99] Z. H. Chai, T. S. Zhao. Lattice Boltzmann model for the convection-diffusion equation [J]. Phys. Rev. E, 2013 (87): 063309.

[100] Z. H. Chai, T S. Zhao. Nonequilibrium scheme for computing the flux of the convection-diffu-

sion equation in the framework of the lattice Boltzmann method [J]. Phys. Rev. E, 2014 (90): 013305.

[101] Y. M. Xuan, K. Zhao, Q. Li. Investigation on mass diffusion process in porous media based on Lattice Boltzmann method [J]. Heat and Mass Transfer, 2010 (46): 1039-1051.

[102] S. Q. Cui, N. Hong, B. C. Shi, et al. Discrete effect on the halfway bounce-back boundary condition of multiple-relaxation-time lattice Boltzmann model for convection-diffusion equations [J]. Phys. Rev. E, 2016 (93): 043311.

[103] H. B. Keller, D. Sachs. Calculations of the conductivity of a medium containing cylindrical inclusions [J]. J. Appl. Phys. , 1964 (35): 537-538.

[104] R. Taylor, R. Krishna. Multicomponent mass transfer [M]. New York: John Wiley & Sons, 1993.

[105] J. Wesselingh, R. Krishna. Mass transfer in multicomponent mixtures [M]. Delft: Delft University Press Delft, 2000.

[106] J. IV. Maxwell. On the dynamical theory of gases [J]. Philosophical transactions of the Royal Society of London, 1867 (157): 49-88.

[107] J. Stefan. Uber das Gleichgewicht und die Bewegung, insbesondere die Diffusion von Gasgemengen [M]. Frankfurt: Universitatsbibliothek Johann Christian Senckenberg, 2007.

[108] Z. L. Guo, B. C. Shi, C. G. Zheng. A coupled lattice BGK model for the Boussinesq equations [J]. Int. J. Numer. Meth. Fl, 2002 (39): 325-342.

[109] Z. H. Chai, X. Y. Guo, L. Wang et al. Maxwell-Stefan theory based lattice Boltzmann model for diffusion in multicomponent mixtures [J]. Phys. Rev. E, 99 (2019) 023312.

[110] J. Crank. The Mathematics of Diffusion [M]. Oxford: Clarendon, 1975.

[111] J. Geiser. Iterative solvers for the Maxwell-Stefan diffusion equations: Methods and applications in plasma and particle transport [J]. Cogent Mathematics, 2 (2015) 1092913.

[112] L. Boudin, B. Grec, F. Salvarani. A mathematical and numerical analysis of the Maxwell-Stefan diffusion equations [J]. Discrete Cont. Dyn. -B, 17 (2012) 1427-1440.

[113] 谷伟, 张虎, 李增耀, 等. 混合气体在典型多孔介质内扩散过程的数值模拟 [J]. 西安交通大学学报, 46 (2012) 107-112.

第 6 章　多孔介质内多相流体输运的
格子 Boltzmann 方法

6.1　引言

多孔介质内多相流体的输运过程广泛存在于能源、环境、化工等诸多领域，比如低渗油藏的开采[1,2]、温室气体的地下埋存[3,4]、基于液滴的微流控芯片技术的优化[5,6] 等。多孔介质的性能不仅取决于材料的化学性质，还取决于关于多孔介质内部发生的传输过程（流体流动、传热传质、化学反应等）。与简单的几何形状相比，多孔介质的孔隙结构非常复杂，不同成分之间存在丰富的界面，导致传输过程复杂。了解多孔介质内部传输过程的现象和机制对于优化材料结构、控制相关过程和提高性能至关重要[7-9]。多孔介质是多种相态物质共存的一种复杂结构，是由固体物质构成的骨架和由骨架分隔而成的无数微小孔隙构成，这些孔隙的主要物理特征为比表面积较大，孔隙尺寸却极其微小[6]。多孔介质内部结构非常复杂甚至呈现出明显的多尺度结构特性，其中的流体可以是单相，也可以是多相。相较于单相流体，多相流体是指包含明显分界面的流体系统，如含气泡（液滴）的液体（气体）、不混溶的液体、含固体颗粒的气体或液体等，多相流可以分为单组分（同一种物质）和多组分（多种物质）两类，如由水和水蒸气构成的气液两相流，后者如油水混合物。多相流体输运过程具有复杂的物理性质，对周围环境及流体组成的变化较为敏感，物理性质更易发生变化[6]。因此，多孔介质内多相流体输运过程的研究涉及气—液—固多相流体间的相互作用及多物理场的相互耦合，其传输机理十分复杂，因此描述多孔介质内多相流体的输运过程是一个极具挑战性的工作。

目前，国内外已有不少学者采用理论分析[10-13]、物理实验[14-16] 以及数值模拟方法[21-29] 对多孔介质多相流体的输运过程开展了相关研究，并取得了重要进展。理论方面，目前发展的基本模型对简单或简化问题的有效性提供了预测，但多孔介质中的流体流动是一个极为复杂的输运过程，涉及诸如流体力学、传热传质学、毛细理论、扩散理论、渗流理论及热力学理论等，加之各种影响因素十分复杂，传统理论分析的适用性和准确性受到诸多限制。随着实验技术的发展，现有的实验设备及技术有助于观察和表征多孔介质的微观结构和其中的传输现象。例如，Brunauer-Emmett-Teller（BET）、扫描电子显微镜（SEM）、透射电子显微镜（TEM）、聚焦离子束（FIB）-SEM、X射线计算机断层扫描（XCT）和核磁共振成像（NMR）。通过实验观察多孔介质中流体输运过程时，需要较高的空间和时间分辨率，因此，通过实验研究得到多孔介质内多相流的输运过程通常较为昂贵。此外，尽管在成像多孔结构方面取得了很大进展，但由于缺乏原位测量能力、空间和时间分辨率有限，直接测量多孔介质内的物理化学过程仍然具有挑战性[17-19]。

随着计算机科学与数值方法的发展，数值模拟已成为研究多孔介质内多相流体的输运过程、认识其传输机理的重要手段[20]。目前，在采用数值模拟方法研究多孔介质内流体流动问题时，根据流动问题涉及的空间尺度不同，多孔介质中传输过程的数值模拟可以分为连续尺度或孔隙尺度。在连续尺度模型中，多孔介质通常被视为均质和各向同性区域，忽略了孔隙尺度的非均质性。求解宏观守恒方程，这些方程是体积平均理论获得的，这些模型需要用到各种统计参数，如粘性、渗透率、孔隙率等，这些参数需要通过实验或者理论分析等方法来得到。连续尺度模型已被广泛用于预测工程领域感兴趣的大规模运输过程。然而，由于连续尺度模型中计算元素的平均长度通常远大于多孔介质的典型孔径，因此在连续尺度模型中忽略了多孔介质的微尺度异质性。除此之外，孔隙尺度是比REV尺度的研究更细观的一种尺度，它通过研究流体在孔隙内的输运过程来获得流体的流动信息[21-29]。在孔隙尺度模拟中，多孔介质的微观多孔结构得到了明确的解析，提供了流体的物性参数在孔隙尺度上的分布细节，能够将复杂的输运过程与现实的多孔结构直接联系起来，从而可以深入理解结构、输运过程和性能之间的关系。由于成像技术、数值方法和计算机技术的进步，孔隙尺度建模取得了长足的发展，并被广泛用于研究多孔介质中的传输现象[30-32]。

孔隙尺度模拟采用了不同的数值方法[33]，包括传统的计算流体动力学（CFD）方法，孔隙网络模型（PNM）及格子Boltzmann（简称LB）方法。对于传统CFD方法，包括有限体积法（FVM）、有限元法（FEM）和有限差分法（FDM），这些方法通过对控制方程直接求解[33,34]。孔隙网络模型（PNM）也被广泛用于研究多孔介质中的输运过程，其中实际孔隙结构被抽象为人工孔隙网络，孔隙表示由喉道连接的大孔隙空间的位置。虽然现实的多孔结构在 PNM 中是理想化的，而不是直接解析，但 PNM 具有很高的计算效率，并且对于研究多孔介质中的传输过程是有效的，例如，为多孔介质中的毛细流动结合入侵—渗透过程[35,36]。对于 LB 方法，由于其动力学性质，具有在多孔介质复杂边界上指定变量的灵活性的优势，因此在模拟流体流动方面获得了普及[37,38]。LB 方法是最近几十年来发展起来的一种介观数值方法[39-41]。它不再基于宏观连续介质模型的 Navier-Stokes 方程，而是直接从微观模型出发，通过描述流体粒子分布函数的演化再现复杂流动的宏观行为。因此，LB 方法兼有微观与宏观模型的优点，这使其在研究多孔介质内多相流体流动与传热方面具有一些独特的优势：其一，LB 方法是以介观动理论模型为基础，不受连续介质假设的限制，这在理论上保证了该方法能够研究微尺度流动问题[41,42]；其二，LB 方法由于其微观特点和介观本质，可以直观地描述流体与流体之间、流体与固壁之间的微观相互作用，自动追踪流体界面，从而在模拟多组分、多相流等复杂流动方面，比传统数值方法更具优势[39,42]；其三，LB 方法易于处理复杂物理边界，具有天然的并行性，计算效率高，因而可以方便地应用于真实多孔介质内流体流动与传热的研究。正是 LB 方法的上述优点，使其在研究多孔介质内多相流体流动与相变传热的微观机理方面具有很大的潜力。

　　目前，许多学者从流体间微观相互作用的不同物理背景出发，发展了多种多相流 LB 模型。Gunstensen 等[43] 采用不同颜色标记不同的流体，流体间界面张力表示为颜色的梯度，建立了多相流颜色梯度模型。进而，Liu 等[44] 对模型进行修正，并应用到多孔介质内多相流体输运的研究中。从自由能理论出发，Swift 等[45] 构造了具有热力学一致性的自由能模型。需要注意的是，该模型并不满足伽利略不变性，后续学者对其进行了修正。但修正项的引入使得该模型在模拟大雷诺数下的大密度比多相流输运问题时会出现数值不稳定的情形[46]。此外，Shan 等[47] 通过构造描述粒子间作用力来描述不同流体间的相互作用，建立了伪势模型，该模型可以自动追踪界面，计算效率较高，已经成功应用于模拟燃料电池等多孔介质结构内多相流体的输运过程[48]。同于上述三类多相流 LB 模型，He 等人基于相场理论提出了一个不可压多相流 LB 模型，其基本原理是通过引入序参数分布函数来追踪流体界面，而用另一个压力分布函数来求解流场[49]。后来，一些学者发现 He 模型存在所恢复界面追踪方程与相场理论的 Cahn-Hilliard（C-H）方程不一致的问题，并提出了相应的改进模型[50-57]。事实上，近些年来，人们基于相场模型在研究多孔介质内多相流体输运问题方面做了很多工作。下面，我们首先介绍基于相场理论的多相流体输运数学模型，然后在相场理论的基础上讨论 LB 模型的研究工作，接着介绍多孔介质内气液两相流的 LB 模型的模拟结果。

6.2 基于相场理论的多相流体输运数学模型

相场方法作为一种扩散界面方法，界面有几个网格的厚度，流体的物性参数在流体界面处是光滑地变化的。这些特征使得相场方法在研究相界面发生剧烈变形、破裂等问题具有较好的精度与数值稳定性，因此相场方法在研究复杂多相流方面取得了巨大的成功。在这种方法中，引入了一个由 C-H 方程或 Allen-Cahn（A-C）方程控制的相场变量或所谓的序参数来识别不同的相[58-60]。本节主要介绍相场方程的数学模型。

首先，我们考虑两种不混溶的不可压多相流体，两种流体的密度为 ρ_A，ρ_B，黏性为 μ_A，μ_B。为了确定两种流体所在的区域，模型需要引入一个序参数 ϕ，使得：

$$\phi = \frac{\rho - \rho_B}{\rho_A - \rho_B}\phi_A + \frac{\rho - \rho_A}{\rho_B - \rho_A}\phi_B \qquad (6-1)$$

式中：ϕ_A 和 ϕ_B——对应于 ρ_A，ρ_B 的常量。

为简单起见，在下面的分析中使用假设 $\phi_A > \phi_B$，界面对应的序参数集为 $\Gamma = \left\{x: \phi(x, t) = \frac{\phi_A + \phi_B}{2}\right\}$。在相场理论中，系统的自由能密度泛函可以简化为[58-60]：

$$f(\phi, \nabla\phi) = \frac{k}{2}|\nabla\phi|^2 + \psi(\phi), \qquad (6-2)$$

式中：k——与界面厚度 D 相关的大于零的常数。

式（6-2）定义的自由能密度函数包含两部分：第一部分是与表面张力相关的自由能，第二部分 $\Psi(\phi)$ 是体相区自由能密度函数。对于范德瓦尔斯（van der Waals）流体，$\Psi(\phi)$ 为 double-well 形式[58,59]：

$$\psi(\phi) = \beta(\phi - \phi_A)^2(\phi - \phi_B)^2 \qquad (6-3)$$

式中：β——与界面厚度及界面张力系数（后续谈论）相关的常数。

基于上述定义的自由能密度泛函，我们可以定义自由能泛函 F 和化学势 μ：

$$F(\phi, \nabla\phi) = \int_\Omega f(\phi, \nabla\phi)\mathrm{d}\Omega = \int_\Omega\left[\psi(\phi) + \frac{k}{2}|\nabla\phi|^2\right]\mathrm{d}\Omega \qquad (6-4)$$

$$\mu = \frac{\delta F}{\delta \phi} = -\nabla \cdot \left(\frac{\partial F}{\partial \nabla \phi}\right) + \frac{\partial F}{\partial \phi} = -k\nabla^2\phi + \psi'(\phi) \tag{6-5}$$

式中：Ω——多相流体系统所占的体积；

$\psi'(\phi)$——$\psi(\phi)$ 关于 ϕ 的导数：

$$\psi'(\phi) = 4\beta(\phi - \phi_A)(\phi - \phi_B)\left(\phi - \frac{\phi_A + \phi_B}{2}\right) \tag{6-6}$$

6.2.1　相场方程

当扩散界面在平衡状态时，化学势为 0，即：

$$\mu = -k\nabla^2\phi + \psi'(\phi) = 0 \tag{6-7}$$

对于一维问题，式（6-7）可以简化为式（6-8）的形式：

$$\frac{d^2\phi}{dx^2} = \frac{1}{k}\psi'(\phi) \tag{6-8}$$

式（6-8）两边同乘以 $\frac{d\phi}{dx}$，可以得到：

$$\frac{1}{2}\frac{d\left(\frac{d\phi}{dx}\right)^2}{dx} = \frac{1}{k}\psi'(\phi)\frac{d\phi}{dx} = \frac{1}{k}\frac{d\psi}{dx} \tag{6-9}$$

利用式（6-10）：

$$\left.\frac{d\phi}{dx}\right|_{x\to\pm\infty} = 0 \tag{6-10}$$

对式（6-9）进行积分可得：

$$\left(\frac{d\phi}{dx}\right)^2 = \frac{2}{k}\psi \tag{6-11}$$

然后，可以得到：

$$\frac{d\phi}{dx} = \sqrt{\frac{2\beta}{k}}(\phi_A - \phi)(\phi - \phi_B) \tag{6-12}$$

设 $\bar{\phi} = \phi - \frac{\phi_A - \phi_B}{2}$，可以重写公式（6-12）为：

$$\frac{d\bar{\phi}}{dx} = \sqrt{\frac{2\beta}{k}}\left(\frac{\phi_A - \phi_B}{2} - \bar{\phi}\right)\left(\frac{\phi_A - \phi_B}{2} + \bar{\phi}\right)$$

$$= \sqrt{\frac{2\beta}{k}}\left[\left(\frac{\phi_A - \phi_B}{2}\right)^2 - \bar{\phi}^2\right]$$

$$= \sqrt{\frac{2\beta}{k}} \left(\frac{\phi_A - \phi_B}{2}\right)^2 \left[1 - \left(\frac{2\bar{\phi}}{\phi_A - \phi_A}\right)\right]$$

$$= \sqrt{\frac{2\beta}{k}} \left(\frac{\phi_A - \phi_B}{2}\right)^2 (1 - \hat{\phi}^2) \qquad (6-13)$$

其中：$\hat{\phi} = \dfrac{2\bar{\phi}}{\phi_A - \phi_B}$，基于上述方程，可以得到：

$$\frac{\mathrm{d}\hat{\phi}}{\mathrm{d}x} = \sqrt{\frac{2\beta}{k}} \left(\frac{\phi_A - \phi_B}{2}\right) (1 - \hat{\phi}^2) \qquad (6-14)$$

另外，我们注意到 tanh 函数有以下特点：

$$\tanh x = \frac{\sinh x}{\cosh x} = \frac{\mathrm{e}^x - \mathrm{e}^{-x}}{\mathrm{e}^x + \mathrm{e}^{-x}} \qquad [6-15（a）]$$

$$\frac{\mathrm{d}(\tanh x)}{\mathrm{d}x} = 1 - \tanh x^2 \qquad [6-15（b）]$$

基于式 (6-15)，利用条件：

$$\phi(x)\big|_{x=0} = \frac{\phi_A + \phi_B}{2} \Rightarrow \hat{\phi}(x)\big|_{x=0} = 0 \qquad (6-16)$$

可以得到 $\hat{\phi}$ 的解：

$$\hat{\phi}(x) = \tanh\left[\left(\sqrt{\frac{2\beta}{k}} \frac{\phi_A - \phi_B}{2}\right) x\right] \qquad (6-17)$$

从式 (6-16)，可以得到 ϕ 的表达式：

$$\phi(x) = \frac{\phi_A + \phi_B}{2} + \frac{\phi_A - \phi_B}{2} \tanh\left[\left(\sqrt{\frac{2\beta}{k}} \frac{\phi_A - \phi_B}{2}\right) x\right] \qquad (6-18)$$

假设我们引入界面厚度 D，式 (6-18) 可以简化为：

$$\phi(x) = \frac{\phi_A + \phi_B}{2} + \frac{\phi_A - \phi_B}{2} \tanh\left(\frac{2x}{D}\right) \qquad (6-19)$$

其中，界面厚度 D 为：

$$D = \frac{1}{\phi_A - \phi_B} \sqrt{\frac{8k}{\beta}} \qquad (6-20)$$

6.2.1.1　局部 Allen-Cahn 方程

基于 Sun 等人的工作[61]，界面对流方程可以写为：

$$\phi_t + (u_n n + u) \cdot \nabla \phi = 0 \qquad (6-21)$$

式中：u——对流速度；

n——单位法向量；

u_n——界面速度，表达式为：

$$n = \frac{\nabla \phi}{|\nabla \phi|}, \quad u_n = - M_\phi k \qquad (6-22)$$

式中：M_ϕ 大于 0 的常数，称为迁移率。κ 为界面曲率，可以表示为：

$$k = \nabla \cdot n = \nabla \cdot \left(\frac{\nabla \phi}{|\nabla \phi|} \right) = \frac{1}{|\nabla \phi|} \left[\nabla^2 \phi - \frac{(\nabla \phi \cdot \nabla) |\nabla \phi|}{|\nabla \phi|} \right] \qquad (6-23)$$

当序参数 ϕ 的表达式（6-18）中取 $\phi_A = 1.0$，$\phi_B = -1.0$，$\beta = 1/4$，可以得到 $|\nabla \phi|$：

$$|\nabla \phi| = \frac{\mathrm{d}\phi}{\mathrm{d}x} = \frac{1 - \phi^2}{\sqrt{2}\,\varepsilon}, \quad \frac{(\nabla \phi \cdot \nabla) |\nabla \phi|}{|\nabla \phi|} = - \frac{\phi(1 - \phi^2)}{\varepsilon^2} \qquad (6-24)$$

式中：$\varepsilon = \dfrac{D}{2\sqrt{2}}$。

把式（6-24）代入式（6-23），可以得到曲率的表达式：

$$k = \frac{1}{|\nabla \phi|} \left[\nabla^2 \phi + \frac{\phi(1 - \phi^2)}{\varepsilon^2} \right] \qquad (6-25)$$

把式（6-22）和式（6-25）代入式（6-21），可得：

$$\phi_t + u \cdot \nabla \phi = M_\phi \left[\nabla^2 \phi + \frac{\phi(1 - \phi^2)}{\varepsilon^2} \right] \qquad (6-26)$$

为了描述没有曲率驱动的界面运动的情况，Folch 等人采用引入修正项的方法[62]。因此，式（6-26）可以写为：

$$\phi_t + u \cdot \nabla \phi = M_\phi \left[\nabla^2 \phi + \frac{\phi(1 - \phi^2)}{\varepsilon^2} - |\nabla \phi| \nabla \cdot \left(\frac{\nabla \phi}{|\nabla \phi|} \right) \right] \qquad (6-27)$$

参照 Yue 等人[63] 的思路及不可压条件（$\nabla \cdot u = 0$），式（6-27）可以写为如下守恒形式：

$$
\begin{aligned}
\phi_t + \nabla \cdot (\phi u) &= M_\phi \left[\nabla^2 \phi - \nabla \cdot \left(\frac{1 - \phi^2}{\sqrt{2}\,\varepsilon} \frac{\nabla \phi}{|\nabla_\phi|} \right) \right] \\
&= M_\phi \nabla \cdot \left[\left(1 - \frac{1 - \phi^2}{\sqrt{2}\,\varepsilon} \frac{1}{|\nabla \phi|} \right) \nabla \phi \right]
\end{aligned}
\qquad (6-28)
$$

上述守恒的 A-C 方程的形式称为局部 A-C 方程[64]。

6.2.1.2　非局部 Allen-Cahn 方程

在相场理论中，序参数 ϕ 的动力学过程也可以由梯度流确定[58]：

$$\phi_t + u \cdot \nabla \phi = - M_\phi \frac{\delta F}{\delta \phi} \qquad (6-29)$$

对于自由能泛函 F 在 L^2 空间取变分，可以得到下列形式的 A-C 方程：

$$\phi_t + u \cdot \nabla \phi = M_\phi (\nabla^2 \phi - \psi') \qquad (6-30)$$

通过以下等式可以清楚地看出，这个经典的 A-C 方程（6-30）在适当的边界条件下（$n \cdot u |_{\partial\Omega} = 0$，$n \cdot \nabla \phi = 0$）下不能保持系统的质量[65]：

$$
\begin{aligned}
\frac{\mathrm{d}}{\mathrm{d}t} \int_\Omega \phi \mathrm{d}x + \int_\Omega u \cdot \nabla \phi \mathrm{d}x &= \int_\Omega \phi_t \mathrm{d}x + \int_{\partial\Omega} n \cdot \phi u \mathrm{d}s \\
&= \int_\Omega \phi_t \mathrm{d}x = M_\phi \int_\Omega (\nabla^2 \phi - \psi') \mathrm{d}x \\
&= M_\phi \int_{\partial\Omega} n \cdot \nabla \phi \mathrm{d}s - M_\phi \int_\Omega \psi' \mathrm{d}x \\
&= -M_\phi \int_\Omega \psi' \mathrm{d}x
\end{aligned}
\qquad (6-31)
$$

从式（6-31）可以发现：$\int_\Omega \psi' \mathrm{d}x$ 并不总是零，为了克服这个问题，Rubinstein and Sternberg[66] 在 A-C 方程中引入了一个非局部拉格朗日乘数 $\beta(t)$：

$$\phi_t + u \cdot \nabla \phi = M_\phi [\nabla^2 \phi - \psi' + \beta(t) \sqrt{2\psi}] \qquad (6-32)$$

其中：

$$\beta(t) = \frac{\int_\Omega \psi' \mathrm{d}x}{\int_\Omega \mathrm{d}x} \qquad (6-33)$$

基于式（6-33）的形式，我们可以发现式（6-32）可以保持质量守恒：

$$\frac{\mathrm{d}}{\mathrm{d}t} \int_\Omega \phi \mathrm{d}x = 0 \qquad (6-34)$$

式（6-32）的形式称为非局部的 A-C 方程。

6.2.1.3 Cahn-Hilliard 方程

在相场理论中，组分间的扩散效应是由化学势梯度引起的，那么有序参数 φ 可以用以下 C-H 方程来描述：

$$\partial_t \phi + \nabla \cdot (\phi u) = \nabla \cdot (M_\phi \nabla \mu) \qquad (6-35)$$

需要注意的是，上述相场方程中的对流速度是由 Navier-Stokes 方程确定的，接下来，我们讲推导流场的控制方程。

6.2.2 流场方程

6.2.2.1 表面张力

接下来，我们将推导表面张力系数的具体表达式，实际上，表面张力系数的

定义为:

$$\sigma = k \int_{-\infty}^{+\infty} \left(\frac{\mathrm{d}\phi}{\mathrm{d}x}\right)^2 \mathrm{d}x \qquad (6\text{-}36)$$

基于式 (6-11), 可以推得:

$$
\begin{aligned}
\sigma &= \int_{-\infty}^{+\infty} 2\psi \, \mathrm{d}x \\
&= 2\beta \int_{-\infty}^{+\infty} \left(\bar{\phi} - \frac{\phi_A - \phi_B}{2}\right)^2 \left(\bar{\phi} + \frac{\phi_A - \phi_B}{2}\right)^2 \mathrm{d}x \\
&= 2\beta \left(\frac{\phi_A - \phi_B}{2}\right)^4 \int_{-\infty}^{+\infty} (\bar{\phi} - 1)^2 \mathrm{d}x \\
&= 2\beta \left(\frac{\phi_A - \phi_B}{2}\right)^4 \int_{-\infty}^{+\infty} \left(\tanh^2\left(\sqrt{\frac{2\beta}{k}}\frac{\phi_A - \phi_B}{2}\right)x - 1\right)^2 \mathrm{d}x \left(y = \sqrt{\frac{2\beta}{k}}\frac{\phi_A - \phi_B}{2}x\right) \\
&= 2\beta \left(\frac{\phi_A - \phi_B}{2}\right)^4 \int_{-\infty}^{+\infty} (\tanh^2 y - 1)^2 \mathrm{d}x
\end{aligned}
$$

$$(6\text{-}37)$$

基于 tanh 函数的定义, 式 (6-37) 可以写为:

$$
\begin{aligned}
\sigma &= 2\beta \left(\frac{\phi_A - \phi_B}{2}\right)^4 \int_{-\infty}^{+\infty} \left[\frac{4}{(e^y + e^{-y})^2}\right]^2 \mathrm{d}x \\
&= 2\beta \left(\frac{\phi_A - \phi_B}{2}\right)^3 \sqrt{\frac{k}{2\beta}} \int_{-\infty}^{+\infty} \frac{16e^{4y}}{(e^{2y} + 1)^4} \mathrm{d}x \\
&= 2\beta \left(\frac{\phi_A - \phi_B}{2}\right)^3 \sqrt{\frac{k}{2\beta}} \int_{-\infty}^{+\infty} \frac{8e^{2y}}{(e^{2y} + 1)^4} \mathrm{d}e^{2y} \\
&= 16\beta \left(\frac{\phi_A - \phi_B}{2}\right)^3 \sqrt{\frac{k}{2\beta}} \int_{0}^{+\infty} \frac{z}{(z + 1)^4} \mathrm{d}z \, (z = e^{2y}) \\
&= 16\beta \left(\frac{\phi_A - \phi_B}{2}\right)^3 \sqrt{\frac{k}{2\beta}} \int_{1}^{+\infty} \frac{z' - 1}{z'^4} (z' = z + 1) \\
&= \frac{16}{6}\beta \left(\frac{\phi_A - \phi_B}{2}\right)^3 \sqrt{\frac{k}{2\beta}} \\
&= \frac{(\phi_A - \phi_B)^3}{6} \sqrt{2k\beta}
\end{aligned}
$$

$$(6\text{-}38)$$

6.2.2.2　Navier-Stokes 方程

对于两相流体, 流场的控制方程的形式为[67-69]:

$$\nabla \cdot u = 0$$

$$\rho\left(\frac{\partial u}{\partial t} + u \cdot \nabla u\right) = -\nabla p + \nabla \cdot [vp(\nabla u + \nabla u^T)] + F_s + G \qquad (6\text{-}39)$$

式中：u——流体速度；

　　　p——动力学压力；

　　　ν——运动学黏性；

　　　G——体力；

　　　F_s——界面力，形式为[70]：

$$F_s = (-\sigma kn + \nabla_s\sigma)\delta \qquad (6\text{-}40)$$

式中：$\nabla_s = (I - nn) \cdot \nabla$——界面梯度算子；

　　　δ——狄拉克函数，可以写为 $\delta = a|\nabla\phi|^2$，满足：

$$\int_{-\infty}^{+\infty} \delta\mathrm{d}x = 1 \qquad (6\text{-}41)$$

基于式（6-11）和式（6-12），可以得到：

$$\alpha\int_{-\infty}^{+\infty} \frac{2\beta}{k}(\phi - \phi_A)^2(\phi - \phi_B)^2\mathrm{d}x = 1 \qquad (6\text{-}42)$$

$$\frac{2\beta\alpha}{k}\sqrt{\frac{k}{2\beta}}\int_{\phi_B}^{\phi_A}(\phi_A - \phi)(\phi - \phi_B)\mathrm{d}\phi = 1$$

$$\frac{\alpha\sqrt{2\beta}}{\sqrt{k}}\int_{\phi_B}^{\phi_A}[-\phi_A\phi_B + (\phi_A + \phi_B)\phi - \phi^2]\mathrm{d}\phi = 1$$

$$\frac{\alpha\sqrt{2\beta}}{\sqrt{k}}\left(-\phi_A\phi_B\phi + \frac{\phi_A + \phi_B}{2}\phi^2 - \frac{\phi^3}{3}\right)\bigg|_{\phi_B}^{\phi_A} = 1$$

$$\alpha = \frac{6\sqrt{k}}{\sqrt{2\beta}[\phi_A^2(\phi_A - 3\phi_B) + \phi_B^2(3\phi_A - \phi_B)]} \qquad (6\text{-}43)$$

接下来，我们证明下面两种界面张力的形式是等价的：

$$F_s = \alpha|\nabla\phi|^2(-\sigma kn + \nabla_s\sigma) \qquad (6\text{-}44)$$

$$F_s = \alpha\nabla \cdot [\sigma|\nabla\phi|^2 I - \sigma\nabla\phi\nabla\phi] \qquad (6\text{-}45)$$

式（6-44）可以写为：

$$F_s = \alpha\nabla \cdot [\sigma|\nabla\phi|^2 I - \sigma\nabla\phi\nabla\phi]$$

$$= \alpha[|\nabla\phi|^2\nabla\sigma + \sigma\nabla|\nabla\phi|^2 - \nabla\sigma \cdot (\nabla\phi\nabla\phi) - \sigma\nabla \cdot (\nabla\phi\nabla\phi)] \qquad (6\text{-}46)$$

我们注意到：

$$\nabla_\beta(\nabla_\alpha\phi\,\nabla_\beta\phi) = \nabla_\beta(\nabla_\alpha\phi)\,\nabla_\beta\phi + \nabla_\alpha\phi\,\nabla_\beta^2\phi$$

$$= \frac{1}{2}(\nabla_\beta\phi)(\nabla_\beta\,\nabla_\alpha\phi) + \frac{1}{2}(\nabla_\beta\phi)(\nabla_\beta\,\nabla_\alpha\phi) + \nabla_\alpha\phi\,\nabla_\beta^2\phi$$

$$= \nabla_\alpha\left[\frac{1}{2}(\nabla_\beta\phi)(\nabla_\beta\phi)\right] + \nabla_\alpha\phi\,\nabla_\beta^2\phi$$

$$= \nabla\left(\frac{1}{2}|\nabla\phi|^2\right) + \nabla\phi\,\nabla^2\phi$$

$$(6-47)$$

因此，我们可以重写式（6-44）为：

$$F_s = \alpha\left[|\nabla\phi|^2\,\nabla\sigma + \frac{1}{2}\sigma\,\nabla|\nabla\phi|^2 - \nabla\sigma\cdot(\nabla\phi\,\nabla\phi) - \sigma\nabla^2\phi\,\nabla\phi\right]$$

$$(6-48)$$

通过设 $q = |\nabla\phi|$，可以推得：

$$\nabla^2\phi\,\nabla\phi = \left[\nabla\cdot\left(|\nabla\phi|\frac{\nabla\phi}{\nabla\phi}\right)\right]\nabla\phi$$

$$= \left[|\nabla\phi|\left(\nabla\cdot\frac{\nabla\phi}{|\nabla\phi|}\right) + \frac{\nabla\phi}{|\nabla\phi|}\cdot\nabla|\nabla\phi|\right]\nabla\phi$$

$$= |\nabla\phi|^2\left(\nabla\cdot\frac{\nabla\phi}{|\nabla\phi|}\right)\frac{\nabla\phi}{|\nabla\phi|} + \left(\frac{\nabla\phi}{|\nabla\phi|}\cdot\nabla|\nabla\phi|\right)|\nabla\phi|\frac{\nabla\phi}{|\nabla\phi|}$$

$$= q^2 kn + (n\cdot\nabla q)\,qn$$

$$= q^2 kn + \left(n\cdot\frac{q^2}{2}\right)n \qquad (6-49)$$

由于 $|\nabla\phi|^2 = \dfrac{2}{k}\psi = \dfrac{2\beta}{k}(\phi - \phi_A)^2(\phi - \phi_B)^2$，我们可以得到界面张力的表达式为：

$$F_s = \alpha\left\{q^2(I - nn)\cdot\nabla\sigma + \frac{1}{2}\sigma\nabla q^2 - q^2\sigma kn - \frac{1}{2}\sigma n\cdot\nabla\left[\frac{2\beta}{k}(\phi - \phi_A)^2(\phi - \phi_B)^2\right]n\right\}$$

$$= \alpha\left[q^2(I - nn)\cdot\nabla\sigma + \frac{1}{2}\sigma\nabla q^2 - q^2\sigma kn - \frac{2\sigma\beta}{k}(\phi - \phi_A)(\phi - \phi_B)\left(\phi - \frac{\phi_A + \phi_B}{2}\right)(n\cdot\nabla\phi)n\right]$$

$$= \alpha\left[q^2(I - nn)\cdot\nabla\sigma + \frac{1}{2}\sigma\nabla q^2 - q^2\sigma kn - \frac{2\sigma\beta}{k}(\phi - \phi_A)(\phi - \phi_B)\left(\phi - \frac{\phi_A + \phi_B}{2}\right)qn\right]$$

$$= \alpha\left[q^2(I - nn)\cdot\nabla\sigma + \frac{1}{2}\sigma\nabla q^2 - q^2\sigma kn - \frac{2\sigma\beta}{k}(\phi - \phi_A)(\phi - \phi_B)\left(\phi - \frac{\phi_A + \phi_B}{2}\right)\nabla\phi\right]$$

$$= \alpha\left\{q^2(1 - nn)\cdot\nabla\sigma + \frac{1}{2}\sigma\nabla q^2 - q^2\sigma kn - \frac{1}{2}\sigma\nabla\left[\frac{2\beta}{k}(\phi - \phi_A)^2(\phi - \phi_B)^2\right]\right\}$$

$$= \alpha q^2 [(I - nn) \cdot \nabla \sigma - \sigma kn]$$

$$= \alpha |\nabla \phi|^2 (-\sigma kn + \nabla_s \sigma) \qquad (6\text{-}50)$$

利用公式（6-48），我们可以把写为下面等价形式：

$$F_s = \alpha \left[|\nabla \phi|^2 \nabla \sigma + \frac{1}{2} \sigma \nabla |\nabla \phi|^2 - \nabla \sigma \cdot (\nabla \phi \nabla \phi) - \sigma \nabla^2 \phi \nabla \phi \right]$$

$$= \alpha \left[|\nabla \phi|^2 \nabla \sigma + \frac{1}{2} \sigma \nabla \left(\frac{2}{k} \psi \right) - \nabla \sigma \cdot (\nabla \phi \nabla \phi) - \sigma \nabla^2 \phi \nabla \phi \right]$$

$$= \alpha \left[|\nabla \phi|^2 \nabla \sigma - \nabla \sigma \cdot (\nabla \phi \nabla \phi) + \frac{\sigma}{k} \nabla \psi - \sigma \nabla^2 \phi \nabla \phi \right]$$

$$= \alpha \left[|\nabla \phi|^2 \nabla \sigma - \nabla \sigma \cdot (\nabla \phi \nabla \phi) + \frac{\sigma}{k} \left(\frac{\mathrm{d} \psi(\phi)}{\mathrm{d} \phi} - k\sigma \nabla^2 \phi \right) \nabla \phi \right]$$

$$= \alpha \left[|\nabla \phi|^2 \nabla \sigma - \nabla \sigma \cdot (\nabla \phi \nabla \phi) + \frac{\sigma}{k} \mu \nabla \phi \right] \qquad (6\text{-}51)$$

当界面张力系数 σ 为常数，界面张力的形式可以简化为下述较为常见的格式：

$$F_s = \frac{\alpha \sigma}{k} \mu \nabla \phi = \frac{|\phi_A - \phi_B|^3}{\phi_A^2(\phi_A - 3\phi_B) + \phi_B^2(3\phi_A - \phi_B)} \mu \nabla \phi = \mu \nabla \phi \quad (6\text{-}52)$$

当我们取 $\phi_A = 1.0$, $\phi_B = -1.0$, $\beta = 1/4$，则 $\alpha = \frac{3\sqrt{2\kappa}}{4}$, $\delta = \frac{3\sqrt{2\kappa}}{4} |\nabla \phi|^2$，则式（6-40）可以写为：

$$F_s = \frac{3\sqrt{2k}}{4} |\nabla \phi|^2 (-\sigma kn + \nabla_s \sigma) \qquad (6\text{-}53)$$

上述方程进一步可以简化为：

$$F_s = \frac{3\sqrt{2k}}{4} \nabla \cdot [\sigma |\nabla \phi|^2 I - \sigma \nabla \phi \nabla \phi] \qquad (6\text{-}54)$$

如果我们取 $\phi_A = 1.0$, $\phi_B = 0$, $\beta = 1/4$，则 $\alpha = 6\sqrt{2\kappa}$, $\delta = 6\sqrt{2\kappa} |\nabla \phi|^2$，式（6-40）可以写为：

$$F_s = 6\sqrt{2k} |\nabla \phi|^2 (-\sigma kn + \nabla_s \sigma) \qquad (6\text{-}55)$$

另一种常见的取法为：$\phi_A = 1/2$, $\phi_B = -1/2$, $\beta = 1/4$，则 $\alpha = 6\sqrt{2\kappa}$, $\delta = 6\sqrt{2\kappa} |\nabla \phi|^2$，式（6-40）可以写为：

$$F_s = 6\sqrt{2k} |\nabla \phi|^2 (-\sigma kn + \nabla_s \sigma) \qquad (6\text{-}56)$$

式（6-56）可以简写为：

$$F_s = 6\sqrt{2k} \nabla \cdot [\sigma |\nabla \phi|^2 I - \sigma \nabla \phi \nabla \phi] \qquad (6\text{-}57)$$

6.3　气液两相流的相场格子 Boltzmann 模型

目前，LB 方法作为一种介观数值方法，在研究由非线性偏微分方程控制的复杂流体系统方面，取得了巨大的成功。LB 方法演化方程的一般形式为：

$$h_i(x + c_i\Delta t, \ t + \Delta t) - h_i(x, \ t) = -\Lambda_{ij}^h [h_j(x, \ t) - h_j^{eq}(x, \ t)] + \Delta t R_i(x, \ t)$$

(6-58)

其中：$h_i(x, \ t)$（对相场 $h=f$，对流场 $h=g$）是速度为 c_i 时，在位置 x 时间为 t 时的分布函数，Λ_{ij}^h 是碰撞矩阵 Λ^h，$R_i(x, \ t)$ 是源项或者外力项，$h_i^{eq}(x, \ t)$ 是与宏观量相关的局部平衡态分布函数。一般情况下，我们会采用 $D2Q9$ 格子模型[71]，离散速度为 c_i，声速为 c_s，权系数为 w_i，具体形式如下：

$$c_i = c\begin{bmatrix} 0 & 1 & 0 & -1 & 0 & 1 & -1 & -1 & 1 \\ 0 & 0 & 1 & 0 & -1 & 1 & 1 & -1 & -1 \end{bmatrix},$$

$$w_i = \begin{cases} \dfrac{4}{9}, & i = 0 \\ \dfrac{1}{9}, & i = 1, \cdots, 4 \\ \dfrac{1}{36}, & i = 5, \cdots, 8 \end{cases} \qquad c_s^2 = c^2/3 \qquad (6\text{-}59)$$

碰撞矩阵 Λ^h 有两种基本形式，i.e.，单松弛和多松弛模型。在单松弛模型中，碰撞矩阵为 $\Lambda^h = I/\tau_h$，其中 I 为单位矩阵，在 MRT 模型中，Λ^h 可以写为[72]：

$$\Lambda^h = M^{-1}S^h M \qquad (6\text{-}60)$$

式中：M——变换矩阵。

在 $D2Q9$ 格子模型，M 可以写为：

$$M = \begin{bmatrix} 1 & 1 & 1 & 1 & 1 & 1 & 1 & 1 & 1 \\ -4 & -1 & -1 & -1 & -1 & 2 & 2 & 2 & 2 \\ 4 & -2 & -2 & -2 & -2 & 1 & 1 & 1 & 1 \\ 0 & 1 & 0 & -1 & 0 & 1 & -1 & -1 & 1 \\ 0 & -2 & 0 & 2 & 0 & 1 & -1 & -1 & 1 \\ 0 & 0 & 1 & 0 & -1 & 1 & 1 & -1 & -1 \\ 0 & 0 & -2 & 0 & 2 & 1 & 1 & -1 & -1 \\ 0 & 1 & -1 & 1 & -1 & 0 & 0 & 0 & 0 \\ 0 & 0 & 0 & 0 & 0 & 1 & -1 & 1 & -1 \end{bmatrix} \qquad (6\text{-}61)$$

因此，可以得到分布函数和平衡态分布函数在矩空间投影为：$m_h = M_h$，$m_h^{eq} = M_h^{eq}$，其中：$h = (h_0, \cdots, h_8)^T$，S^h 是对角松弛矩阵：

$$S^h = \text{diag}(s_0^h, s_1^h, s_2^h, s_3^h, s_4^h, s_5^h, s_6^h, s_7^h, s_8^h) \tag{6-62}$$

其中：$0 < s_i^h < 2$。

6.3.1 相场方程的格子 Boltzmann 模型

6.3.1.1 局部 Allen-Cahn 方程的 LB 模型

从理论角度来看，C-H 方程是一个四阶偏微分方程，通过 Chapman-Enskog 分析，不能直接从 LB 模型中恢复[73]。另一方面，从数值的角度来看，C-H 方程中的序参数空间梯度需要采用非局部有限差分格式进行计算[50,74,75]。为解决上述问题，需要二阶 A-C 方程的 LB 模型。Geier 等人针对局部 A-C 方程的中心矩 LB 模型[64]，在该模型中，方程（6-58）中外力项为 0，局部平衡态表达式为：

$$f_i^{eq}(x, t) = \phi w_i \left[1 + \frac{c_i \cdot u}{c_s^2} + \frac{(c_i \cdot u)^2}{2c_s^4} - \frac{u \cdot u}{2c_s^2} \right] + \frac{M_\phi \theta}{c_s^2} w_i c_i \cdot n \tag{6-63}$$

式中：$\theta = \sqrt{\dfrac{2\beta}{\kappa}} (\phi_A - \phi)(\phi - \phi_B)$，$n = \dfrac{\nabla \phi}{|\nabla \phi|}$，迁移率的表达式为：

$$M_\phi = c_s^2 (\tau_f - 0.5) \Delta t \tag{6-64}$$

序函数可以通过下列式子计算：

$$\phi = \sum_i f_i \tag{6-65}$$

然而，正如 Ren 等人指出的那样[51]，Geier 等人的 LB 模型不能准确恢复到局部 A-C 方程[64]。为了克服这个问题，他们针对局部 A-C 方程提出了一种改进的 MRT 模型。在他们的模型中，演化式（6-58）的源项可由式（6-66）给出：

$$R = M^{-1} \left(I - \frac{S^f}{2} \right) M \overline{R} \tag{6-66}$$

式中：$R = (R_0, \cdots, R_8)$，$\overline{R} = (\overline{R}_0, \cdots, \overline{R}_8)$。

$$\overline{R}_i = \frac{w_i c_i \cdot (\partial_t (\phi u) + \theta n)}{c_s^2} \tag{6-67}$$

式（6-67）中，时间导数和空间导数的计算公式为：

$$\partial_t (\phi u)(x, t) = [(\phi u)(x, t) - (\phi u)(x, t - \Delta t)] / \Delta t \tag{6-68}$$

$$\nabla \chi(x, t) = \sum_{i \neq 0} \frac{w_i c_i \chi(x + c_i \Delta t, t)}{c_s^2 \Delta t} \tag{6-69}$$

在 Ren 等人[51] 的模型中，平衡态分布函数为：

$$f_i^{eq}(x, t) = \phi w_i\left(1 + \frac{c_i \cdot u}{c_s^2}\right) \qquad (6-70)$$

此外，迁移率表达式及虚函数的计算公式与 Geier 模型中的形式相同。与此同时，Wang 等人针对局部 A-C 方程[73]，提出了单松弛版本的 A-C 方程，并从理论与数值角度，与 C-H 方程的 LB 模型进行了对比。在上述模型中，序参数的空间梯度可以通过非平衡态部分的一阶矩得到，避免了非局部项的使用。近来，又有一些学者针对局部的 A-C 方程提出了一些改进的 MRT-LB 模型[76,77]。

6.3.1.2 非局部 Allen-Cahn 方程的 LB 模型

在 LB 方法的框架下，Chai 等人针对忽略对流项的非局部 A-C 方程[78]，首先提出了 MRT 模型。实际上，对于非局部 A-C 方程 (6-32)，源项 R 为：

$$R = M^{-1}\left(I - \frac{S^f}{2}\right)M\bar{R} \qquad (6-71)$$

其中：$R = (R_0, \cdots, R_4)$，$\bar{R} = (\bar{R}_0, \cdots, \bar{R}_4)$。

$$\bar{R}_i = W_i\left\{M_\phi\left[-\psi' + \beta(t)\sqrt{2\psi}\right] + \frac{c_i \cdot \partial_t(\phi u)}{c_s^2}\right\} \qquad (6-72)$$

局部平衡态分布函数为：

$$f_i^{eq}(x, t) = w_i\phi\left[1 + \frac{c_i \cdot (\phi u)}{c_s^2}\right] \qquad (6-73)$$

迁移率表达式为：

$$M_\phi = c_s^2(\tau_f - 0.5)\Delta t \qquad (6-74)$$

其中，$\tau_f = 1/s_1^f$，宏观量的计算和前面模型有所区别，表达式：

$$\phi = \sum_i f_i + \frac{\Delta t}{2}\sum_i \bar{R}_i \qquad (6-75)$$

6.3.1.3 Cahn-Hilliard 方程的 LB 模型

He 等人[49]首先采用序参数来追踪界面的变化，然而，Zheng 等人[50]指出 He 等人的模型不能准确恢复到 C-H 方程，进而，他们提出了一个新的 LB 模型来追踪界面的变化，在演化方程中引入了分布函数的空间梯度。在 Zheng 等人[50]的模型中，源项的表达式为：

$$R_i = \frac{(1 - q)\left[f_i(x + c_i\Delta t, t) - f_i(x, t)\right]}{\Delta t} \qquad (6-76)$$

式中：参数 q——常数，形式为：

$$q = \frac{1}{\tau_f + 0.5} \qquad (6-77)$$

局部的平衡态分布函数为一个分段函数的形式：

$$f_i^{eq}(x, t) = \begin{cases} \phi - 2\eta\mu, & i = 0 \\ \dfrac{1}{2}\eta\mu + \dfrac{1}{2q}c_i \cdot \phi u, & i \neq 0 \end{cases} \qquad (6-78)$$

其中：η 为与迁移率相关的调节因子，迁移率的表达式为：

$$M_\phi = \eta q(\tau_f q - 0.5)\Delta t \qquad (6-79)$$

序参数的计算公式和式（6-65）相同。

与 Zheng 等人的思路类似，Zu 等人[74] 提出了另外一种可以准确恢复到 C-H 方程的 LB 模型，该模型在演化方程中引入了平衡态分布函数的空间梯度项，使得该模型的源项表达式为：

$$R_i = \frac{(2\tau_f - 1)\left[f_i^{eq}(x + c_i\Delta t, t) - f_i^{eq}(x, t)\right]}{\Delta t} \qquad (6-80)$$

$$f_i^{eq}(x, t) = \begin{cases} \phi - \dfrac{(1 - w_0)\eta\mu}{2(1 - \tau_f)c_s^2}, & i = 0 \\ w_i \dfrac{\eta\mu + c_i \cdot \phi u}{2(1 - \tau_f)c_s^2}, & i \neq 0 \end{cases} \qquad (6-81)$$

此外，迁移率与松弛因子的关系式为：

$$M_\phi = \eta(\tau_f - 0.5)\Delta t \qquad (6-82)$$

宏观量的计算与 Zheng 等人的模型相同。需要注意的是，Zu 等人模型平衡态分布函数的表达式中 $1/(\tau_f - 1.0)$ 可能会使得该模型出现数值不稳定的情形。

目前，Liang 等人[75] 通过在演化方程中引入时间导数，提出了可以准确恢复到宏观 C-H 方程的 MRT-LB 模型。在该模型中，源项的表达式为：

$$R = M^{-1}\left(I - \frac{S^f}{2}\right)M\bar{R} \qquad (6-83)$$

其中：

$$\bar{R}_i = \frac{w_i c_i \cdot \partial t(\phi u)}{c_s^2} \qquad (6-84)$$

该模型中，时间导数的计算可以通过式（6-68）得到。局部平衡态的表达式为：

$$f_i^{eq}(x, t) = \begin{cases} \phi + (w_i - 1)\eta\mu, & i = 0 \\ w_i\eta\mu + w_i \dfrac{c_i \cdot (\phi u)}{c_s^2}, & i \neq 0 \end{cases} \qquad (6-85)$$

迁移率与宏观量的计算与 Zu 的模型[74] 类似。需要注意的是，平衡态分布函数中的化学势含有序函数的二阶空间导数，可以采用各向同性的中心差分进行计算，具体计算格式如下：

$$\nabla \chi(x,\ t) = \sum_{i\neq 0} \frac{w_i c_i \chi(x + c_i \Delta t,\ t)}{c_s^2 \Delta t}$$

$$\nabla^2 \chi(x,\ t) = \sum_{i\neq 0} \frac{2 w_i c_i [\chi(x + c_i \Delta t,\ t) - \chi(x,\ t)]}{c_s^2 \Delta t^2} \qquad (6\text{-}86)$$

6.3.2　流场方程的格子 Boltzmann 模型

在相场模型中，还需要另外一个 LB 模型来求解流场方程。He 等人[49] 首先提出了一个 LB 模型求解不可压多相流。在 LB 模型中，流场的平衡态分布函数和外力项分布函数可以写为：

$$g_i^{eq} = w_i \left[p + \rho \left(\frac{c_i \cdot u}{c_s^2} + \frac{(c_i \cdot u)^2}{2c_s^4} - \frac{u \cdot u}{2c_s^2} \right) \right] \qquad (6\text{-}87)$$

$$R_i = \left(1 - \frac{1}{2\tau_g} \right) (c_i - u) \cdot [\Gamma_i(u)(F_s + G) - (\Gamma_i(u) - \Gamma_i(0)) \nabla \Psi(\rho)] \qquad (6\text{-}88)$$

其中：

$$\Gamma_i(u) = w_i \left[1 + \frac{c_i \cdot u}{c_s^2} + \frac{(c_i \cdot u)^2}{2c_s^4} - \frac{u \cdot u}{2c_s^2} \right] \qquad (6\text{-}89)$$

$$\Psi(\rho) = p - \rho c_s^2 \qquad (6\text{-}90)$$

宏观量的计算格式为：

$$p = \sum g_i + \frac{\Delta t}{2} c_s^2 u \cdot \nabla \rho \qquad (6\text{-}91)$$

$$c_s^2 \rho u = \sum c_i g_i + \frac{c_s^2 \Delta t}{2}(F_s + G) \qquad (6\text{-}92)$$

在该模型中，动力学粘性与松弛因子相关，表达式为 $\nu = c_s^2(\tau_g - 0.5)\Delta t$，其中 $\tau_g = 1/s_7^g = 1/s_8^g$。

Lee 等人[79] 为了模拟大密度比多相流问题，提出了一个稳定计算外力项的离散格式，形式为：

$$F_s = k\nabla \cdot [(\nabla \rho) \cdot (\nabla \rho) I - (\nabla p) \otimes (\nabla \rho)] \qquad (6\text{-}93)$$

平衡态分布函数、外力分布函数及宏观量的计算公式与 He 的模型相同。基于 He 等人和 Lee 等人的模型，一些学者针对多相流体提出了改进的 LB 模型。与上述模型不同，Zheng 等人[80] 提出了一个新的 LB 模型，该模型可以处理大密度比问题。然而，Fakhari 等人[81] 发现该模型在 Boussinesq 假设成立的条件下，只能用于处理密度匹配的二元流体。在 Zheng 等人的模型中，采用可压缩 NS 方程代替不可压缩 NS 方程，其中密度 ρ 定义为 $\rho = (\rho_A + \rho_B)/2$，其中 ρ_A 和 ρ_B 分别为流体 A 和流体 B 的密度。模型中的平衡态分布函数为：

$$g_i^{eq} = w_i \left[A_i + \rho \left(\frac{c_i \cdot u}{c_s^2} + \frac{(c_i \cdot u)^2}{2c_s^4} - \frac{u \cdot u}{2c_s^2} \right) \right] \quad (6-94)$$

其中，系数为：

$$A_1 = \frac{9}{4}\rho - \frac{15}{4} \left(\phi\mu + \frac{1}{3}\rho \right), \ A_i \big|_{i\cdots, 9} = 3 \left(\phi\mu + \frac{1}{3}\rho \right) \quad (6-95)$$

此外，外力项分布函数为：

$$R_i = \left(1 - \frac{1}{2\tau_g} \right) \frac{w_i}{c_s^2} \left[(c_i - u) + \frac{c_i \cdot u}{c_s^2} c_i \right] \cdot (\mu \nabla \phi + G) \quad (6-96)$$

宏观量的计算表达式为：

$$\rho = \sum g_i \quad (6-97)$$

$$\rho u = \sum c_i g_i + \frac{1}{2}(\mu \nabla \phi + G) \quad (6-98)$$

基于相场理论，Zu 等人[74] 提出了一个能够处理两相流体的 LB 模型。然而，在该模型中，需要一个预估校正步骤来计算速度和压力。此外，NS 方程的 LB 模型的平衡分布函数为：

$$g_i^{eq}(x, t) = \begin{cases} \dfrac{p}{c_s^2}(w_0 - 1) - w_0 \rho \dfrac{u \cdot u}{c_s^2}, & i = 0 \\ w_i \left[\dfrac{p}{c_s^2} + \dfrac{c_i \cdot u}{c_s^2} + \dfrac{(c_i - u)^2}{2c_s^4} - \dfrac{u \cdot u}{2c_s^2} \right], & i = 1, \cdots, q-1 \end{cases}$$

$$(6-99)$$

为了准确恢复动量方程，外力项的分布函数为：

$$R_i = w_i(c_i/c_s^2) \cdot F/\rho \quad (6-100)$$

其中：$F = F_s + F_p + F_\mu + G$，$F_s = -\phi \nabla\mu$，$F_p = -p \nabla\rho$，$F_\mu = [(\tau_g - 1/2)c_s^2 \Delta t](\nabla u + u \nabla) \cdot \nabla\rho$。宏观量的计算公式为：

$$u = \sum c_i g_i + \frac{F}{2\rho}\Delta t \quad (6-101)$$

$$p = \left(\sum_{i \neq 0} c_s^2 g_i - w_0 |u|^2 / 2 \right) / (1 - w_0) \quad (6-102)$$

由于上面的式子中速度与压力的耦合，需要引入预估矫正的格式：

$$\hat{p} = \left(\sum_{i \neq 0} c_s^2 g_i - w_0 |u^{t-\Delta t}|^2 / 2 \right) / (1 - w_0) \quad (6-103)$$

$$\hat{u} = \sum c_i g_i + \frac{\Delta t}{2} [\, F_s + F_p(\hat{p}) + F_\mu(u^{t-\Delta t}) + G \,] \,/\, \rho \qquad (6\text{-}104)$$

$$p = \Big(\sum_{i \neq 0} c_s^2 g_i - w_0 |\,\hat{u}\,|^2 \,/\, 2 \Big) \,/\, (1 - w_0) \qquad (6\text{-}105)$$

$$u = \sum c_i g_i + \frac{\Delta t}{2} [\, F_s + F_p(p) + F_\mu(\hat{u}) + G \,] \,/\, \rho \qquad (6\text{-}106)$$

进而，Liang 等人[75] 基于相场理论针对不可压多相流系统提出了 MRT-LB 模型。在他们的模型中，为了准确恢复 NS 方程，平衡态分布函数可以写为如下形式：

$$g_i^{eq}(x, t) = \begin{cases} \dfrac{p}{C_s^2}(w_0 - 1) - w_i \rho \dfrac{u^2}{c_s^2}, & i = 0 \\[4mm] \dfrac{p}{c_s^2} w_i + w_i \rho \left[\dfrac{c_i \cdot u}{c_s^2} + \dfrac{(c_i \cdot u)^2}{2c_s^4} - \dfrac{u \cdot u}{2c_s^2} \right], & i \neq 0 \end{cases} \qquad (6\text{-}107)$$

外力分布函数为：

$$R_i = \frac{w_i(c_i - u)}{2c_s^2} \cdot [\, (\Gamma_i(u) - 1) \nabla(\rho c_s^2) + \Gamma_i(u)(F_s + F_a + G) \,]$$

$$\qquad (6\text{-}108)$$

其中：$F_a = \dfrac{\rho_A - \rho_B}{\phi_A - \phi_B} \nabla \cdot (M_\phi \nabla \mu) u$ 是界面力，宏观量可以通过下式进行显式计算：

$$u = \frac{\sum c_i g_i + 0.5\Delta t(F_s + G)}{\rho - 0.5\Delta t \dfrac{\rho_A - \rho_B}{\phi_A - \phi_B} \nabla \cdot (M_\phi \nabla \mu)} \qquad (6\text{-}109)$$

$$p = \frac{c_s^2}{1 - w_0} \left[\sum_{i \neq 0} g_i + 0 \cdot 5\Delta t u \cdot \nabla \rho - \rho \frac{u \cdot u}{c_s^2} \right] \qquad (6\text{-}110)$$

目前，Liang 等人[82] 进一步提出了一个简化的外力分布形式及宏观量计算格式，使得算法更加简单，具体形式为：

$$R_i = w_i \left(1 - \frac{1}{2\tau_g} \right) \left[u \cdot \nabla \rho + \frac{c_i \cdot (F_s + a)}{c_s^2} + \frac{(uF + Fu + u\nabla c_s^2 \rho + \nabla c_s^2 \rho u) : Q_i}{2c_s^4} \right] +$$

$$w_i \frac{c_i \cdot F_a}{c_s^2} \qquad (6\text{-}111)$$

$$u = \frac{1}{\rho} \left[\sum c_i g_i + 0.5\Delta t(F_s + G) \right] \qquad (6\text{-}112)$$

$$p = \frac{c_s^2}{1 - w_0} \left[\sum_{i \neq 0} g_i + 0 \cdot 5\Delta t u \cdot \nabla \rho - \rho \frac{u \cdot u}{c_s^2} \right] \qquad (6\text{-}113)$$

其中：

$$Q_i = c_i c_i - c_s^2 I, \; F_a = u [\partial_t \rho + \nabla \cdot (\rho u)]$$

（6-114）

6.4 多孔介质内气液两相流的格子 Boltzmann 模型

多孔介质的非均质性特点往往呈现孔隙结构的多样性，既有不规则吼道结构，也有多个支通道相连通的组合。由于多孔介质中流体经常以非连续的液滴形式存在，深入了解液滴在不同的孔隙中运移方式和形变规律，能够为多孔介质内多相流体输运机理的研究提供重要参考。这一小节我们将采用相场 LB 模型，研究复杂通道内多相流体的输运过程。

6.4.1 壁面润湿性

润湿现象是指液体与固体壁面接触时沿固体表面扩展的现象，多孔介质的孔隙结构复杂且微小，比表面积大，导致了流体与壁面之间的润湿作用显著，比如石油开采、地下水污染治理、燃料电池性能开发等都与润湿现象密切相关。例如，一滴水放在荷叶上，会收缩成球形，而一滴水与玻璃板接触时会慢慢散开。当液体与固体表面接触时，附着力促使其铺展，而内聚力阻止其与表面有较多的接触。当内聚力克服附着力时，液体不润湿固体，会在固体表面呈球形；相反地，如果附着力克服内聚力，液体润湿固体，其会沿固体表面散开。对于具有光滑表面的固体，接触角可以衡量其润湿程度。

接触角是指在气、液、固三相交点处的气液界面的切线穿过液体与固液交接线之间的夹角。实际上接触角是液体表面张力和液固表面张力间的夹角，其大小是由在气、液、固三相交界处，三种界面张力相互作用得到的。根据接触角的大小可以看出液体对固体的润湿程度，接触角小于 90°时，表面的润湿性较强，此时液体会在固体表面铺展，固体称为亲液性的固体。接触角大于 90°时，意味着润湿不强，液滴尽可能的为球形。由以上可知，接触角的大小取决于液体的性质和固体表面的性质，也取决于液体和固体之间的相互作用，则一种液滴在不同的固体表面的润湿性可能不同，而不同液体在同一种固体表面的润湿性也可能不同（图 6-1）。

根据自由能理论，描述流体与固体表面相互作用的自由能函数可表示为与密度相关的幂级数形式：保留幂级数的一阶项，可以得到线性润湿性边界条件；保

图 6-1　液滴在润湿性不同的平板壁面上的稳态形状，从左到右的接触角为 $60°$，$90°$，$120°$

留幂级数的三阶项，则可以得到三次自由能形式的润湿性边界条件：

$$n \cdot \nabla\phi|_s = -\frac{3\sigma}{4k}cos\theta(1 - \phi^2) \tag{6-115}$$

式中：n——垂直于壁面指向流场内部的单位法向量。

　　式（6-115）可以克服线性润湿性边界条件的一些缺点，如在固体表形成一层非物理液膜和模拟大密度比流动时，引起数值方法不稳定。

6.4.2　复杂微通道内气液两相流体输运的数值模拟

6.4.2.1　界面捕捉问题

　　（1）沿对角线运动的圆盘。我们首先考虑一个 2D 圆盘在一个固定速度场 $u = (U_0, U_0)$ 下沿着对角线运动，如图 6-2 所示。初始状态下，一个半径为 $R = L_0/5$ 的圆盘放置在 $L_0 \times L_0$ 的格子区域内，一个周期后 $\left(T = T_f = \dfrac{L_0}{U_0}\right)$，回到初始位置。

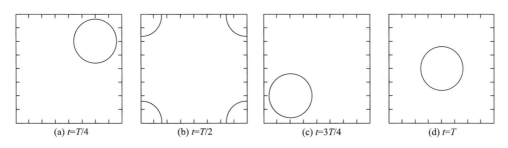

(a) $t=T/4$　　　　(b) $t=T/2$　　　　(c) $t=3T/4$　　　　(d) $t=T$

图 6-2　不同时刻气泡界面位置（$\phi = 0$）

　　首先，我们在 $P_e = 60$，$U_0 = 0.02$ 这组参数下，针对 Liang 等人[75] 基于 C-H 方程发展的 LB 模型和本文基于 A-C 方程的 LB 模型来追踪界面，并把初始状态和一个周期后界面和速度场呈现在图 6-3。从图中可以清楚地看出，基于 A-C 方程的相场 LB 模型所捕捉的界面一个周期后可以和初始状态完全吻合，而利用

C-H 方程捕捉的界面与初始状态存在明显的偏差。进而我们还在一个固定的 Cahn 数，$P_e = 60$ 和 $U_0 = 0.02$ 下，采用不同的网格 L_0 来测试该模型和 Liang 等人[75] 的模型针对这个问题的精度阶，并把计算结果展示在图 6-4。由图可以发现 Liang 等人[75] 的模型只有 1.5 阶空间精度，当前模型的精度阶为 2，这个数值结果表明基于 A-C 方程的 LB 模型在相同的计算网格下，误差更小，更能准确地捕捉界面。

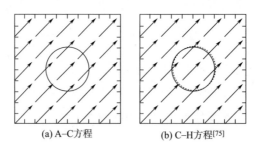

(a) A-C方程　　　　　　(b) C-H方程[75]

图 6-3　在 $P_e = 60$ 下，不同模型初始和最终时刻的相场等值线对比，
其中初始情况 $t = 0$ （实线），$t = T$ （虚线）

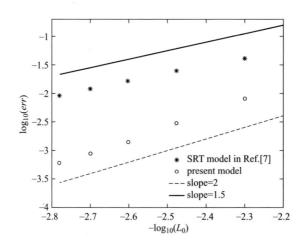

图 6-4　在 $P_e = 60$ 下，不同模型在不同网格下的相对误差

（2）Zalesak's 圆盘旋转。Zalesak's 圆盘旋转[83] 是一个用来验证界面捕捉模型的经典问题。在这个数值算例中，初始状态为一个带槽圆盘放在大小为 $L_0 \times L_0$ 的周期区域的中心，在接下来的模拟中，我们取 $L_0 = 200$，圆盘的半径和凹槽的宽度分别为 80 和 16 个网格。圆盘的旋转是由一个固定的速度 (u, v) 驱动的，速度场分布如下：

$$u = -U_0\pi\left(\frac{y}{L_0} - 0.5\right), \quad v = U_0\pi\left(\frac{x}{L_0} - 0.5\right) \tag{6-116}$$

如图 6-5 所示展示了圆盘在速度场的驱动下，保持形状的旋转过程。进一步我们还对比了基于 A–C 方程的 LB 模型和 Liang 等人[75] 的基于 C–H 方程的 LB 模型在 $P_e = 80$ 和 $P_e = 400$ 的界面捕捉的优劣，我们把两个模型在一个周期 $T = 2T_f$ 后的数值结果和初始形状展示在图 6-6 中。从图中可以看出，基于 A–C 方程的 LB 模型和基于 C–H 方程的 LB 模型都可以捕捉界面的变化。然而，基于 A–C 方程的 LB 模型一个周期后，可以准确地与初始情况吻合，基于 C–H 方程的 LB 模型在圆盘槽的位置会产生界面不光滑的情况，说明了该模型不足够稳定。此外，我们对两个模型在不同的参数下做了定量的比较，并把相对误差列在了表 6-1 中，从定量的结果我们可以看出，基于 C–H 方程的 LB 模型在 $P_e = 400$ 时，出现数值不稳定的情况，无法捕捉界面的变化，而基于 A–C 方程的 LB 模型在大的 P_e 下依旧可以误差很小的捕捉界面。综上所述，基于 A–C 方程的 LB 模型在界面捕捉方面，稳定性和精度都优于 C–H 方程。如图 6-6 所示，图 6-6（a）、图 6-6（c）基于 A–C 方程的 LB 模型在 $P_e = 50$ 和 $P_e = 500$ 的数值结果；图 6-6（b）、图 6-6（d）基于 C–H 方程的单松弛模型[75] 在 $P_e = 50$ 和 $P_e = 500$ 的数值结果。表 6-1 为 Zalesak's 旋转圆盘的相对误差。

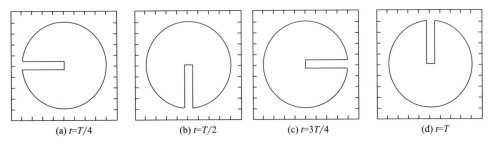

(a) $t=T/4$　　　　(b) $t=T/2$　　　　(c) $t=3T/4$　　　　(d) $t=T$

图 6-5　不同时刻相场等值线的分布（$\phi = 0$）

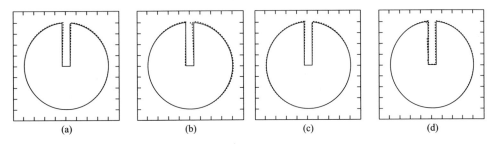

(a)　　　　　　(b)　　　　　　(c)　　　　　　(d)

图 6-6　Zalesak's 旋转圆盘的相场等值线（$\phi = 0$）在 $t = 0$（实线）和 $t = 2T_f$（虚线）的分布

表 6-1　Zalesak's 旋转圆盘的相对误差

M	$U_0 = 0.02$		$U_0 = 0.04$	
	C–H	A–C	C–H	A–C
0.01	4.21×10^{-2}	2.69×10^{-2}	4.86×10^{-2}	2.66×10^{-2}
0.001	5.54×10^{-2}	4.14×10^{-2}	6.97×10^{-2}	4.09×10^{-2}
0.0001	9.53×10^{-2}	4.34×10^{-2}	Nan	4.91×10^{-2}

（3）单涡剪切流。接下来，我们针对大的界面变形问题——单涡剪切流。对于这个问题，驱动运动和变形的速度场随时间发生变化，并且是高度非线性的，形式如下：

$$u = U_0 \sin^2 \frac{\pi x}{L_0} \sin \frac{2\pi y}{L_0} \cos \frac{\pi t}{T}, \quad v = - U_0 \sin \frac{2\pi x}{L_0} \sin^2 \frac{\pi y}{L_0} \cos \frac{\pi t}{T} \qquad (6\text{-}117)$$

式中：t——演化时间，计算网格为 $L_0 \times L_0$。

在接下来的数值模拟中，我们取 $L_0 = 200$，圆盘的半径为 40，圆心位于 (100，150)，这个问题的变形周期为 $T = 6T_f$。在速度场的驱动下，一个周期的变形过程如图 6-7 所示。从图中我们可以看出圆盘在速度场的作用下逐渐被拉成一条细丝并绕着涡的中心螺旋，在 $T/2$ 时变形最大，后半个周期慢慢恢复到初始状态。针对这个问题，我们首先对 $P_e = 80$ 和 $P_e = 800$ 两组参数下用两个模型进行界面追踪，图 6-8 给出了一个周期后的数值计算结果和初始情况的对比结果。图 6-8（a）、图 6-8（c）基于 A–C 方程的 LB 模型在 $P_e = 80$ 和 $P_e = 800$ 的数值结果；图 6-8（b）、图 6-8（d）基于 C–H 的 LB 模型在 $P_e = 80$ 和 $P_e = 800$ 的数值结果。从图中可以发现，一个周期后基于 A–C 方程的 LB 模型可以准确地恢复到初始情况。随着 P_e 的增大，基于 A–C 方程的 LB 模型依旧可以准确地刻画界面，然而，基于 C–H 方程的 LB 模型所得到的数值结果在界面处产生很严重的界面震荡，尤其是在 $P_e = 800$。此外，我们还针对不同的 P_e 数计算了两个模型的数

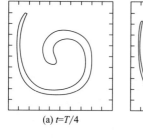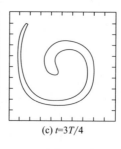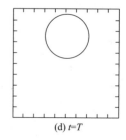

(a) $t = T/4$　　　　(b) $t = T/2$　　　　(c) $t = 3T/4$　　　　(d) $t = T$

图 6-7　不同时刻的相场等值线（$\phi = 0$）

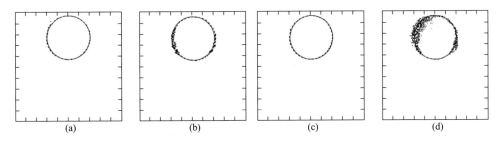

图 6-8　单涡剪切流在 $t=0$（实线）和 $t=T$（虚线）的相场等值线分布（$\phi=0$）

值结果和初始情况的相对误差。表 6-2 列出了不同参数下的相对误差，可以发现，基于 A-C 方程的 LB 模型在 P_e 数较小时，误差比 C-H 计算的结果略大。但是，随着 P_e 数的增大，我们的模型相较于 C-H 的精度和稳定性优势就更好地体现出来了。从表 6-2 中可以发现，C-H 方程在 $P_e=800$ 时误差达到了 10%，而我们的模型依旧可以很准确的捕捉界面的变化。

表 6-2　单涡剪切流的相对误差

M	$U_0=0.02$		$U_0=0.04$	
	C-H	A-C	C-H	A-C
0.01	3.83×10^{-2}	1.86×10^{-1}	4.47×10^{-2}	5.70×10^{-2}
0.001	5.69×10^{-2}	1.89×10^{-2}	6.04×10^{-2}	2.3775×10^{-2}
0.0001	6.33×10^{-2}	3.61×10^{-2}	1.03×10^{-1}	4.14×10^{-2}

6.4.2.2　两相 Poiseuille 流

两相 Poiseuille 流是一个用来验证多相流模型的经典算例。两相 Poiseuille 流是微管道中两种不可压非混溶的流体受到水平方向的外力 $G=(G_x, 0)$，沿着 x 方向流动。管道的在 x 方向是无限长的，y 方向的宽度是 $2h$。初始情况下，流体 B 在管道的上半部分（$0<y\leq h$），流体 A 在管道的底部（$-h\leq y<0$），工况如图 6-9 所示。在接下来的模拟中，我们对入口和出口采用周期边界处理，上下板采用半反弹边界处理格式。针对这个问题，速度分布有一个解析解：

$$u_x(y)=\begin{cases}\dfrac{G_xh^2}{2\mu_g}\left[-\left(\dfrac{y}{n}\right)^2-\dfrac{y}{h}\left(\dfrac{\mu_g-\mu_l}{\mu_g+\mu_l}\right)+\dfrac{2\mu_g}{\mu_g+\mu_l}\right], & 0<y\leq h \\[4mm] \dfrac{G_xh^2}{2\mu_l}\left[-\left(\dfrac{y}{n}\right)^2-\dfrac{y}{h}\left(\dfrac{\mu_g-\mu_l}{\mu_g+\mu_l}\right)+\dfrac{2\mu_l}{\mu_g+\mu_l}\right], & -h\leq y\leq 0\end{cases}$$

$$(6\text{-}118)$$

图 6-9　两相 poiseuille 流

其中：$G_x = u_c(\mu_l + \mu_g)/h^2$。

在接下来的模拟中，我们采用 D2Q9 的格子模型来模拟这个问题。计算网格设置为 10×100，$u_c = 10^{-4}$。序参数的初始分布为：

$$\phi(x, y) = 0.5 + 0.5\tanh\frac{2(0.5N_y - y)}{W} \tag{6-119}$$

对于不同的密度比，图 6-10 给出了相场模型在不同密度比下，水平速度的剖面及相应的解析解。此外，基于不同的模型进行了对比，从图可以看出当前模型的数值结果与解析解吻合较好，并将不同模型的数值误差进行了比较，从模拟结果可以看出，该模型在不同的密度比下，计算精度较高。

6.4.2.3　液滴撞击液膜的数值模拟

本小节，我们考虑具有大密度比的液滴撞击液膜的过程。液滴撞击液膜表面的动力学过程[84] 是雨滴落在潮湿地面或水坑上的自然事件中的常见景象。此外，它在许多工程应用中发挥着突出的作用，如喷墨打印、喷雾冷却和涂层。尽管其普遍性和广泛的研究[84-88]，由于拓扑结构复杂的界面变化，这种流动的数值模拟仍然存在一些挑战，但水—空气系统存在很大的密度差异。此外，在撞击点可能会产生数值奇点。在本节中，我们将在没有引力场的情况下，通过现有的LB 模型模拟二维液滴对预先存在的密度比为 1000 的薄液膜的影响。模拟中，我们采用 1500×500 的网格，工况图如图 6-11 所示，直径为 D 的液滴位于液膜的上方，图 6-12 给出了在密度比为 1000 的情况下，不同雷诺数下液滴的动力学行为[89]。

6.4.2.4　液滴通过狭窄孔隙动力学行为的数值模拟

本节我们针对二维空间中重力驱动变形液滴遇到一个孔隙的流体系统，物理模型如图 6-13 所示。初始状态下，液滴位于中心具有圆形孔的平板上方，模拟

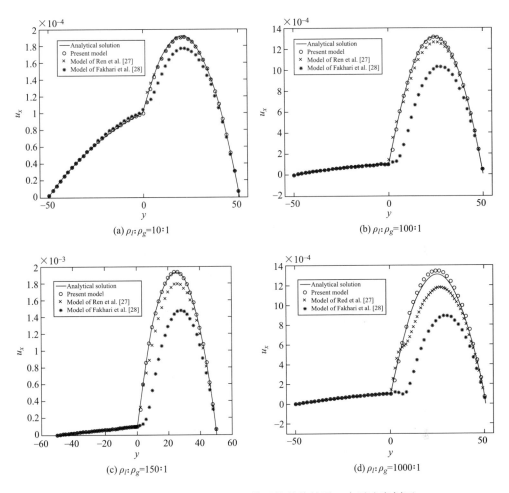

图 6-10　不同 A-C 方程的 LB 模型的数值结果：水平速度剖面

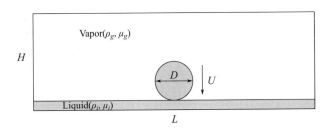

图 6-11　液滴撞击液膜的工况图

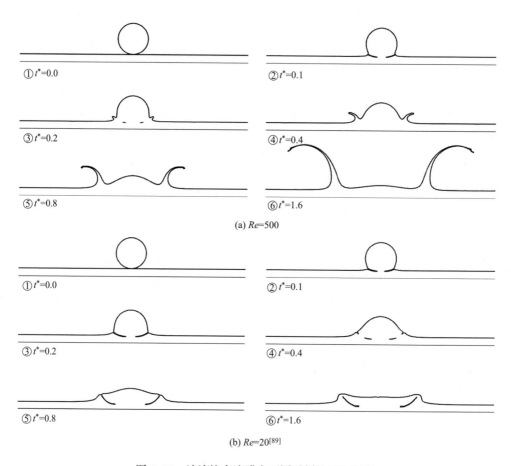

(a) *Re*=500

(b) *Re*=20[89]

图 6-12　液滴撞击液膜在不同时刻的界面状态

中，我们记孔隙与液滴直径比（$r=d/D$）小于。对于液滴穿过狭窄孔隙的动力学行为受到诸多因素的影响，这里我们主要考虑孔隙与液滴的直径比 r、接触角。

　　在接下来的模拟中，我们采用 512×500 的网格，观察液滴从一定高度通过障碍物孔的动力学行为。首先，我们考察了孔隙与液滴的直径比对液滴的动力学行为的影响，如图 6-14 所示。从图中我们可以看出，直径比 r 直接影响了液滴是否可以顺利穿过孔隙，随着直径比的增大，液滴在一定时间内会出现滞留在孔隙的

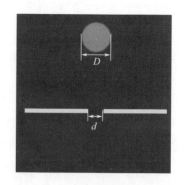

图 6-13　工况图：直径为 D 的液滴位于水槽上方，液滴在重力作用下加速

现象。此外，重力驱动的可变形液滴通过孔（$r<1$）的运动受到表面润湿性的影响，Delbos 等人[90] 通过研究发现，对于疏水表面，液滴可能可以穿过界面，而对于亲水表面，液滴黏附在障碍板上捕获一小部分液滴。为了检查表面润湿性对通过孔的液滴运动的影响，一系列不同接触角 $\theta = 15°$，$68°$，$105°$，$175°$ 对液滴的动力学行为的影响进行了数值模拟，如图 6-15 所示。从模拟结果可以看出，由于亲水表面的强润湿性，接触角为 $15°$ 时，液滴与板碰撞后沿上板表面向外扩散，然后上方的液滴板缩回。然而，对于疏水表面，液滴逐渐脱离障碍板，随着接触角的增大，液滴穿过界面，这与已有研究结果一致。

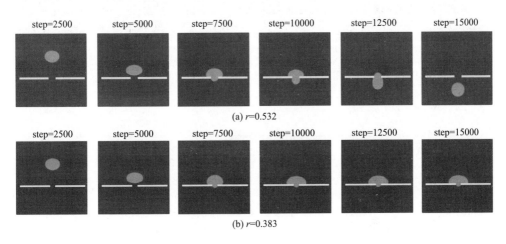

图 6-14　不同孔隙与液滴直径比（r）下，对应时刻液滴的位置

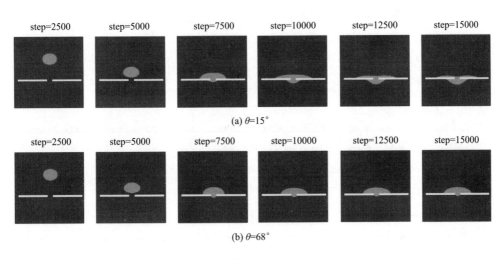

图 6-15

167

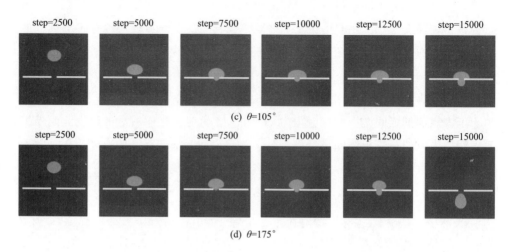

图 6-15　不同孔隙与液滴直径比（r）下，对应时刻液滴的位置

参考文献

［1］ R. M. Butler. Thermal recovery of oil and bitumen［M］. New Jersey：Prentice Hall，1991.

［2］ A. Xu，Z. Fan，L. Zhao，et al. Significant superiorities of superheated steam in heavy oil thermal recovery［J］. Petol explor dev.，2012（4），46-51.

［3］ K. Pruess. On CO2 fluid flow and heat transfer behavior in the subsurface，following leakage from a geologic storage reservoir［J］. Environ eng Geosci，2008（54）：1677-1686.

［4］ 沈平平，江怀友. 温室气体提高采收率的资源化利用及地下埋存［J］. 中国科学工程，2009（11），54-59.

［5］ R. Seemann，M. Brinkmann，T. Pfohl，et al. Droplet based microfluidics［J］. Rep. Prog. Phys.，2012，75：016601.

［6］ L. Chen，A. He，J. Zhao，et al. Pore-scale modeling of complex transport phenomena in porous media［J］. Prog. Energy Combust. Sci.，2022，88：100968.

［7］ M. Muskat. The flow of homogeneous fluids through porous media［M］. New York：McGraw-Hill，1938.

［8］ J. Bear. Dynamics of fluids in porous media［M］. New York：Elsevier，1972.

［9］ F. Dullien. Porous media：fluid transport and structure［M］. San Diego，CA：academic Press，1992.

［10］ M. Wang，N. Pan. Predictions of effective physical properties of complex multiphase materials

［J］．Mater. Sci. Eng. R Rep.，2008，63：1-30.

［11］ J. C. Maxwell. A Treatise on Electricity and Magnetism ［M］．Oxford：Clarendon Press，1873.

［12］ 郁伯铭，徐鹏，邹明清，等．分形多孔介质输运物理［M］．北京：科学出版社，2014.

［13］ B. Xiao，Q. Huang，H. Chen，et al. A fractal model for capillary flow through a single tortuous capillary with roughened surfaces in fibrous porous media ［J］．Fractals，2021，29：2150017.

［14］ H. Iwai，N. Shikazono，T. Matsui，et al. Quantification of SOFC anode microstructure based on dual beam FIB-SEM technique ［J］．J. Power Sources，2010，195：955-61.

［15］ D. Wildenschild，A. P. Sheppard. X-ray imaging and analysis techniques for quantifying pore-scale structure and processes in subsurface porous medium systems ［J］．Adv Water Resour，2013，51：217-246.

［16］ I. Manke，C. Hartnig，M. Grünerbel，et al. Investigation of water evolution and transport in fuel cells with high resolution synchrotron x-ray radiography ［J］．Appl Phys Lett，2007，90：174105.

［17］ T. W. Willingham，C. J. Werth，A. J. Valocchi. Evaluation of the effects of porous media structure on mixing-controlled reactions using pore-scale modeling and micromodel experiments ［J］．Environ. Sci. Technol，2008，42：3185-3193.

［18］ R. T. White，S. H. Eberhardt，Y. Singh，et al. Four-dimensional joint visualization of electrode degradation and liquid water distribution inside operating polymer electrolyte fuel cells ［J］．Sci Rep，2019（9），1843.

［19］ S. Thiele S，T. Fürstenhaupt，D. Banham，et al. Multiscale tomography of nanoporous carbon-supported noble metal catalyst layers ［J］．J Power Sources，2013，228：185-192.

［20］ J. Bear，J. M. Buchlin. Modelling and applications of transport phenomena in porous media ［J］．Boston：Kluwer academic Publishers，1991.

［21］ H. Li，C. Pan，C. T. Miller. Pore-scale investigation of viscous coupling effects for two-phase flow in porous media ［J］．Phys Rev E，2005，72：026705.

［22］ D. Zhang，R. Zhang，S. Chen，et al. Pore scale study of flow in porous media：scale dependency，REV，and statistical REV ［J］．Geophys Res Lett，2000，27：1195.

［23］ M. Prat. Recent advances in pore-scale models for drying of porous media ［J］．Chem Eng J，2002，86：153-164.

［24］ L. Hao，P. Cheng. Pore-scale simulations on relative permeabilities of porous media by lattice Boltzmann method ［J］．Int J Heat Mass Transf，2010，53：1908-1913.

［25］ A. Parmigiani，C. Huber，O. Bachmann，et al. Pore-scale mass and reactant transport in multiphase porous media flows ［J］．J Fluid Mech，2011，686：40-76.

［26］ M. J. Blunt，B. Bijeljic，H. Dong，et al. Pore-scale imaging and modelling ［J］．Adv Water

Resour, 2013, 51: 197-216.

[27] L. Chen, Q. Kang, B. A. Robinson, et al. Pore-scale modeling of multiphase reactive transport with phase transitions and dissolution-precipitation processes in closed systems [J]. Phys Rev E., 2013, 87: 043306.

[28] M. J. Blunt. Multiphase flow in permeable media: a pore-scale perspective [M]. Cambridge: Cambridge University Press, 2017.

[29] B. Zhao, C. W. MacMinn, B. K. Primkulov, et al. Comprehensive comparison of pore-scale models for multiphase flow in porous media [J]. Proc Nat acad Sci, 2019, 116: 13799 -13806.

[30] Z. Chai, H. Liang, R. Du, et al. A lattice Boltzmann model for two-phase flow in porous media [J]. SIAM J Sci Comput, 2019, 41: B746-B772.

[31] G. R. Molaeimanesh, H. Saeidi Googarchin, A. Qasemian Moqaddam. Lattice Boltzmann simulation of proton exchange membrane fuel cells – A review on opportunities and challenges [J]. Int J Hydrogen Energy, 2016, 41: 22221-22245.

[32] A. Xu, W. Shyy, T. Zhao. Lattice Boltzmann modeling of transport phenomena in fuel cells and flow batteries [J]. Acta Mechanica Sinica, 2017, 33: 555-574.

[33] E. Catalano, B. Chareyre, E. Barthélemy. Pore-scale modeling of fluid-particles interaction and emerging poromechanical effects [J]. Int J Numer Anal Met, 2014: 38, 51-71.

[34] A. Q. Raeini, M. J. Blunt, B. Bijeljic. Modelling two-phase flow in porous media at the pore scale using the volume-of-fluid method [J]. J Comput Phys, 2012, 231: 5653-5668.

[35] K. J. Lee, J. H. Nam, C. J. Kim. Pore-network analysis of two-phase water transport in gas diffusion layers of polymer electrolyte membrane fuel cells [J]. Electrochim. acta, 2009, 54: 1166-1176.

[36] N. Zhan N, W. Wu, S. Wang. Pore network modeling of liquid water and oxygen transport through the porosity-graded bilayer gas diffusion layer of polymer electrolyte membrane fuel cells [J]. Electrochim. acta, 2019, 306: 264-276.

[37] L. Chen, Q. Kang, Y. Mu, et al. A critical review of the pseudopotential multiphase lattice Boltzmann model: methods and applications [J]. Int J Heat Mass Transf, 2014, 76: 210 -236.

[38] H. Liu, Q. Kang, C. R. Leonardi, et al. Multiphase lattice Boltzmann simulations for porous media applications [J]. Comput Geosci, 2016, 20: 777-805.

[39] S. Chen, G, D. Doolen. Lattice Boltzmann method for fluid flows [J]. Annu. Rev. Fluid Mech, 1998, 30: 329-364.

[40] 何雅玲, 王勇, 李庆. 格子 Boltzmann 方法的理论及应用 [M]. 北京: 科学出版社, 2009.

［41］ 郭照立，郑楚光. 格子 Boltzmann 方法的原理及应用 ［M］. 北京：科学出版社，2009.

［42］ C. K. Aidun, J. R. Clausen. Lattice－Boltzmann method for complex flows ［J］. Annu. Rev. Fluid Mech, 2012, 42：439－472.

［43］ A. K. Gunstensen, D. H. Rothman, S. Zaleski, et al. Lattice Boltzmann model of immiscible fluids ［J］. Phys. Rev. Lett. , 1991, 43：4320－4327.

［44］ H. Liu, A. J. Valocchi, Q. Kang. Three－dimensional lattice Boltzmann model for immiscible two－phase flow simulations ［J］. Phys. Rev. E, 2012, 85：046309.

［45］ M. R. Swift, W. R. Osborn, J. M. Yeomans. Lattice Boltzmann simulation of nonideal fluids ［J］. Phys. Rev. Lett. , 1995, 75：830－833.

［46］ Q. Li, K. Luo, Q. Kang, et al. Lattice Boltzmann methods for multiphase flow and phase－change heat transfer ［J］. Prog. Energy Combust. Sci. , 2016, 52：62－105.

［47］ X. Shan, H. Chen. Lattice Boltzmann model for simulating flows with multiple phases and components ［J］. Phys. Rev. E, 1993, 47：1815－1819.

［48］ L. Chen, Q. Kang, Y. Mu, et al. A critical review of the pseudopotential multiphase lattice Boltzmann model：methods and applications ［J］. Int J Heat Mass Transf, 2014, 76：210－236.

［49］ X. He, S. Chen, R. Zhang. A lattice Boltzmann scheme for incompressible multiphase flow and its application in simulation of Rayleigh－Taylor instability ［J］. J. Comput. Phys. , 1999, 152：642－663.

［50］ H. W. Zheng, C. Shu, Y. T. Chew. Lattice Boltzmann interface capturing method for incompressible flows ［J］. Phys. Rev. E, 2005, 72：056705.

［51］ F. Ren, B. Song, M. C. Sukop, et al. Improved lattice Boltzmann modeling of binary flow based on the conservative Allen－Cahn equation ［J］. Phys. Rev. E, 2016, 94：023311.

［52］ A. Begmohammadi, R. Haghani－Hassan－Abadi, A. Fakhari, et al. . Study of phase－field lattice Boltzmann models based on the conservative Allen－Cahn equation ［J］. Phys, Rev. E, 2020, 102：023305.

［53］ X. Xu, Y. Hu, B. Dai, et al. Modified phase－field－based lattice Boltzmann model for incompressible multiphase flows ［J］. Phys. Rev. E, 2021, 104：035305.

［54］ Y. Q. Zu, A. D. Li, H. Wei. Phase－field lattice Boltzmann model for interface tracking of a binary fluid system based on the Allen－Cahn equation ［J］. Phys. Rev. E, 2020, 102：053307.

［55］ H. Liang, Y. Li, J. X. Chen, et al. Axisymmetric lattice Boltzmann model for multiphase flows with large density ratio ［J］. Int. J. Heat Mass. Tran. 2019, 130：1189－1205.

［56］ S. Zhang, J. Tang, H. Wu. Phase－field lattice Boltzmann model for two－phase flows with large density ratio ［J］. Phys. Rev. E, 2022, 105：015304.

［57］ Z. Chai，D. Sun，H. Wang，et al. A comparative study of local and nonlocal Allen–Cahn equations with mass conservation ［J］. Int. J. Heat Mass Transf. 2018，122：631–642.

［58］ J. Shen. Modeling and numerical approximation of two–phase incompressible flows by a phase–field approach，in Multiscale Modeling and Analysis for Materials Simulation，W. Bao and Q. Du，eds.，IMS Lecture Notes Monogr. Ser. 9，IMS，Institute of Mathematical Statistics ［J］. Hayward，CA，2011：147–196.

［59］ H. Lee，J. Kim. An efficient and accurate numerical algorithm for the vector–valued Allen–Cahn equations ［J］. Comput. Phys. Commun. 2012，183：2107–2115.

［60］ D. Jacqmin. Calculation of two–phase Navier–Stokes flows using phase–field modeling ［J］. J. Comput. Phys.，1999，155：96–127.

［61］ Y. Sun，C. Beckermann. Sharp interface tracking using the phase–field equation ［J］. J. Comput. Phys. 2012，220：626–653.

［62］ R. Folch，J. Casademunt，A. Hernandez–Machado. Phase–field model for Hele–Shaw flows with arbitrary viscosity contrast. I. Theoretical approach ［J］. Phys. Rev. E，2012，60：1724 –1733.

［63］ P.–H. Chiu，Y.–T. Lin. A conservative phase field method for solving incompressible two–phase flows ［J］. J. Comput. Phys.，2011，230：185–204.

［64］ M. Geier，A. Fakhari，T. Lee. Conservative phase–field lattice Boltzmann model for interface tracking equation ［J］. Phys. Rev. E，2015，91：063309.

［65］ P. Yue，C. Zhou，J. Feng. Spontaneous shrinkage of drops and mass conservation in phase–field simulations ［J］. J. Comput. Phys. 2007，223：1–9.

［66］ J. Rubinstein，P. Sternberg. Nonlocal reaction diffusion equations and nucleation ［J］. IMA J. Appl. Math. 1992，48：249–264.

［67］ D. Jcqmin. Calculation of two–phase Navier–Stokes flows using phase–field modeling ［J］. J. Comput. Phys. 1999，155：96–127.

［68］ V. M. Kendon，M. E. Cates，I. Pagonabarraga，et al. Inertial effects in three–dimensional spinodal decomposition of a symmetric binary fluid mixture：a lattice Boltzmann study ［J］. J. Fluid Mech. 2001，440：147–203.

［69］ V. E. Bandalassi，H. D. Ceniceros，S. Banerjee. Computation of multiphase systems with phase field models ［J］. J. Comput. Phys. 2003，190：371–397.

［70］ H. Liu，A. J. Valocchi，Y. Zhang，et al. Lattice Boltzmann phase–field modeling of thermocapillary flows in a confined microchannel ［J］. J. Comput. Phys. 2014：256，334–356.

［71］ Y. Qian，D. d' Humieres，P. Lallemand. Lattice BGK models for Navier–Stokes equation ［J］. Europhysics Letters，1992，17：479.

［72］ Z. Chai，B. Shi. Multiple–relaxation–time lattice Boltzmann method for the Navier–Stokes and nonlinear convection – diffusion equations: Modeling, analysis, and elements [J]. Phys. Rev. E, 2020: 102, 023306.

[73] H. Wang, Z. Chai, B. Shi, et al. Comparative study of the lattice Boltzmann models for Allen–Cahn and Cahn–Hilliard equations [J]. Phys. Rev. E, 2016, 94: 033304.

[74] Y. Q. Zu, S. He. Phase–field–based lattice Boltzmann model for incompressible binary fluid systems with density and viscosity contrasts [J]. Phys. Rev. E, 2013, 87: 043301.

[75] H. Liang, B. C. Shi, Z. L. Guo, et al. Phase–field–based multiple-relaxation-time lattice Boltzmann model for incompressible multiphase flows [J]. Phys. Rev. E, 2014, 89: 053320.

[76] Y. Q. Zu, A. D. Li, H. Wei. Phase–field lattice Boltzmann model for interfce tracking of a binary fluid system based on the Allen–Cahn equation [J]. Phys. Rev. E, 2020, 102: 053307.

[77] S. Zhang, J. Tang, H. Wu. Phase–field lattice Boltzmann model for two–phase flows with large density ratio [J]. Phys. Rev. E, 2022, 105: 015304.

[78] Z. Chai, D. Sun, H. Wang, et al. A comparative study of local and nonlocal Allen–Cahn equations with mass conservation [J]. Int. J. Heat Mass Transf. 2018, 122: 631-642.

[79] T. Lee, C. L. Lin. A stable discretization of the lattice Boltzmann equation for simulation of incompressible two – phase flows at high density ratio [J]. J. Comput. Phys., 2005, 206: 16-47.

[80] H. Zheng, C. Shu, Y. Chew. A lattice Boltzmann model for multiphase flows with large density ratio [J]. J. Comput. Phys., 2006, 218: 353-371.

[81] A. Fakhari, M. H. Rahimian. Phase–field modeling by the method of lattice Boltzmann equations [J]. Phys. Rev. E, 2010, 81: 036707.

[82] H. Liang, B. C. Shi, Z. H. Chai. Lattice Boltzmann modeling of three – phase incompressible flows [J]. Phys. Rev. E, 2016, 93: 013308.

[83] S. Zalesak. Fully multidimensional flux – corrected transport algorithms for fluids [J]. J. Comput. Phys., 1979, 31: 335-362.

[84] A. L. Yarin. Drop impact dynamics: Splashing, spreading, receding, bouncing [J]. Annu. Rev. Fluid Mech., 2006, 38: 159.

[85] G. Coppola, G. Rocco, L. Luca. Insights on the impact of a plane drop on a thin liquid film [J]. Phys. Fluids, 2011, 23: 022105.

[86] J. S. Lee, B. M. Weon, J. H. Je, et al. How Does an Air Film Evolve into a Bubble During Drop Impact? [J]. Phys. Rev. Lett. 2012, 109: 204501.

[87] M. J. Thoraval, K. Takehara, T. G. Etoh, et al. Thoroddsen. Drop impact entrapment of bubble rings [J]. J. Fluid Mech., 2013, 724: 234.

[88] C. Josseranda, S. Zaleskib. Droplet splashing on a thin liquid film [J]. Phys. Fluids, 2003, 15: 1650.

［89］ H. Liang, J. Xu, J. Chen, et al. Phase-field-based lattice Boltzmann modeling of large-density-ratio two-phase flows ［J］. Phys. Rev. E, 2018, 97: 033309.

［90］ A. Delbos, E. Lorenceau, O. Pitois. Forced impregnation of a capillary tube with drop impact ［J］. J. Colloid Interface Sci, 2010, 341: 171-177.